博士论丛

韩嘉悦　王　军／著

石墨烯-有机薄膜复合光电探测器技术

Technology of Graphene - Organic Film Composited Photodetectors

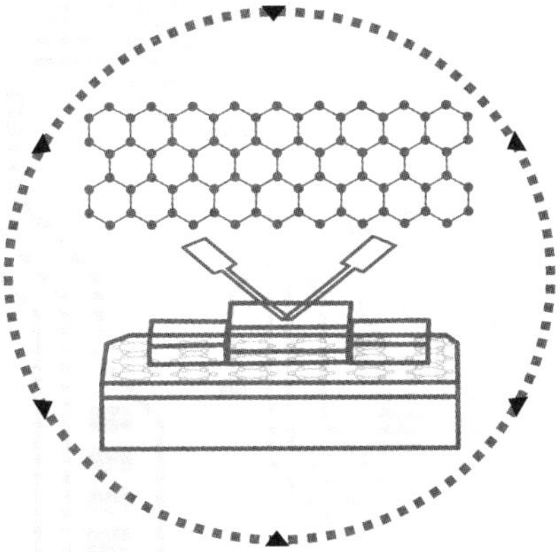

DOCTORAL

电子科技大学出版社
University of Electronic Science and Technology of China Press
·成都·

图书在版编目(CIP)数据

石墨烯-有机薄膜复合光电探测器技术 / 韩嘉悦, 王军著. -- 成都 : 成都电子科大出版社, 2025. 8.
ISBN 978-7-5770-1562-0

Ⅰ. TN215

中国国家版本馆 CIP 数据核字第 202580K5B5 号

石墨烯-有机薄膜复合光电探测器技术

SHIMOXI - YOUJI BAOMO FUHE GUANGDIAN TANCEQI JISHU

韩嘉悦　王　军　著

出 品 人　田　江
策划统筹　杜　倩
策划编辑　魏祥林
责任编辑　魏祥林
责任设计　李　倩
责任校对　杨梦婷
责任印制　梁　硕

出版发行　电子科技大学出版社
　　　　　成都市一环路东一段 159 号电子信息产业大厦九楼　邮编 610051
主　　页　www. uestcp. com. cn
服务电话　028 - 83203399
邮购电话　028 - 83201495

印　　刷　成都久之印刷有限公司
成品尺寸　170 mm × 240 mm
印　　张　12. 25
字　　数　220 千字
版　　次　2025 年 8 月第 1 版
印　　次　2025 年 8 月第 1 次印刷
书　　号　ISBN 978-7-5770-1562-0
定　　价　48. 00 元

序

FOREWORD

当前，我们正置身于一个前所未有的变革时代，新一轮科技革命和产业变革深入发展，科技的迅猛发展如同破晓的曙光，照亮了人类前行的道路。科技创新已经成为国际战略博弈的主要战场。习近平总书记深刻指出："加快实现高水平科技自立自强，是推动高质量发展的必由之路。"这一重要论断，不仅为我国科技事业发展指明了方向，也激励着每一位科技工作者勇攀高峰、不断前行。

博士研究生教育是国民教育的最高层次，在人才培养和科学研究中发挥着举足轻重的作用，是国家科技创新体系的重要支撑。博士研究生是学科建设和发展的生力军，他们通过深入研究和探索，不断推动学科理论和技术进步。博士论文则是博士学术水平的重要标志性成果，反映了博士研究生的培养水平，具有显著的创新性和前沿性。

由电子科技大学出版社推出的"博士论丛"图书，汇集多学科精英之作，其中《基于时间反演电磁成像的无源互调源定位方法研究》等 28 篇佳作荣获中国电子学会、中国光学工程学会、中国仪器仪表学会等国家级学会以及电子科技大学的优秀博士论文的殊誉。这些著作理论创新与实践突破并重，微观探秘与宏观解析交织，不仅拓宽了认知边界，也为相关科学技术难题提供了新解。"博士论丛"的出版必将促进优秀学术成果的传播与交流，为创新型人才的培养提供支撑，进一步推动博士教育迈向新高。

青年是国家的未来和民族的希望，青年科技工作者是科技创新的生力军和中坚力量。我也是从一名青年科技工作者成长起来的，希望“博士论丛”的青年学者们再接再厉。我愿此论丛成为青年学者心中之光，照亮科研之路，激励后辈勇攀高峰，为加快建成科技强国贡献力量！

中国工程院院士 

2024 年 12 月

前　言

PREFACE

近十多年来，以石墨烯为首的二维材料(2 Dimensions，2D)引起了科学家的广泛关注，由于高迁移率、光学特性可调、零带隙、吸收波段宽等特点，石墨烯在光电探测器件中有着巨大的潜力。然而，尽管目前取得了很大的进展，但在基础和实践方面的许多挑战，阻碍了石墨烯在高性能光电探测器领域的发展。为了解决石墨烯基异质结光电探测器的现有局限性如响应速度慢等问题，可以将其与具有低成本、大面积、柔性和高吸收系数等特性的有机材料结合，从而弥补甚至克服某些缺点。另外，这一结合还能解决石墨烯响应波长受限、功能单一等问题，以满足部分先进光电子芯片的需求。本书以石墨烯－有机作为探测器主体探索了以下几个方面的内容。

(1)以石墨烯－有机平面 P－N 异质结增强器件框架制备了石墨烯－C_{60}－Pentacene 的三层结构器件，利用 C_{60}－Pentacene 的 type-Ⅱ型异质结良好的载流子解离优势，提高了石墨烯单层异质结器件的内建电场。相比于石墨烯－Pentacene 器件的较差响应度，本器件的响应度提高到了 9127 A/W，响应速度优化至 275 ms，响应波段拓展至 1550 nm。此外，此结构器件存在随探测波长光电流极性变化的正负响应，其在可见光波段为负响应，在近红外波段为正响应。随后，还探究了正负响应转换点的相关因素，相继引入了 CuPc 和 $SnNcCl_2$等材料进行了进一步的实验探究。

(2)利用上述石墨烯－C_{60}－Pentacene 的三层器件构架，引入第二束光源作为调制光源对第一束信号光源的响应进行调制，再利用不同波段极性相反的响应光束进行相互调制。实验结果显示，相比于现有的器件只能调制光电流幅度值和响应波长，此光调制器件不仅可以实现光电流幅度值调制与响应速度调制，还可以实现光电流极性调制。随着光调制功率的变化，器件的最大响应度由 3425 A/W 提高到了 7673 A/W。此器件利用近紫外光可以去掉石墨烯氧空位的原理，还可以实现正负响应的渐变调控，更加完整地揭示了石墨烯基多层有机器件的载流子输运机理。

(3)探究了石墨烯-有机体异质结光电探测器的响应机理与性能，设计了以 ZnO 为电子提取层的新型器件结构，有效提升了有机体异质结中光生电子的提取和注入石墨烯沟道的能力。此器件可以实现近红外的无记忆光正负响应和光记忆功能。由于实验利用的体异质结非富勒烯给体-受体材料 PTB7：IEICO-4F 相比平面异质结拥有更高的解离能力和光灵敏度，这使得石墨烯有机器件响应度可达 10^6 A/W，可以响应 nW/cm^2 量级的弱光。另外，此器件栅极切换的无记忆和记忆效果可用于机器视觉和生物突触器件模拟等。

(4)进一步在石墨烯有机异质结的基础上引入其他无机材料如 Bi_2O_2Se 进行载流子输运探究。实验利用 Bi_2O_2Se 在通信窗口较好的吸收对石墨烯-有机在 1310 nm 和 1550 nm 的较弱响应进行了增强，并且研究了石墨烯与 type-Ⅲ型异质结结合后探测器件的性能和 ASCII 码的传输应用。

(5)利用有机给体-受体电荷转移复合物与石墨烯的结合，继续拓宽石墨烯-有机器件的响应波长，最终实现长波长 10.5 mm 的探测。实验探究了这类窄带隙有机材料在石墨烯器件上的探测性能表现。

综上所述，本书全面介绍了石墨烯-有机复合异质结的各类型器件，包括石墨烯与有机的平面异质结、体异质结、无机-有机混合异质结和有机给体-受体电荷转移复合物异质结。本书详细探讨了各类型器件的机理，获得了响应速度低至几十微秒、响应度高达 10^6 A/W、最大探测波长覆盖 10.5 mm 的实验数据。本书中的实验率先将不同类型的器件功能进行部分拓展和延伸，包括光调制、近红外光记忆、机器视觉和通信波段应用。这些工作将会为石墨烯-有机乃至其他二维材料-有机复合异质结提供新的研究思路与方向。

为了保证表达的准确性，同时考虑受众的阅读习惯，本书的图片保留了原文献中的英文表达。

本书全彩高清图片扫描下方二维码即可获得。

韩嘉悦

2025 年 6 月

目录
CONTENTS

第一章

绪　　论

1.1 研究背景

新兴材料石墨烯的出现，为人们探索更多具有许多独特物理现象的二维材料打开了大门，大量二维材料被用于先进的光电器件中[1-3]，包括光电探测器[4]、光调制器[5]、激光器[6]、突触光子芯片[7]等。然而，纯二维材料异质结光电探测器存在一些不可忽视的缺点，如载流子寿命短、晶格失配、光吸收系数低、内建场较弱等，而其与具有低成本、大面积、柔性和高吸收系数等特性的有机材料结合可以弥补甚至克服某些缺点。与二维材料中的 Wannier 激子相比，有机材料中的 Frenkel 激子具有较高的激子束缚能，因此有效的电荷转移态对于有机材料中 Frenkel 激子的离域是必不可少的，这对于二维－有机电荷转移异质结的量子效率和工作波长至关重要。随着高度有序二维原子－有机分子界面的出现，二维材料为有机自组装提供了原子精度控制的机会[8]。值得注意的是，类石墨烯二维材料还为有机材料提供了形成 π-π 键堆叠界面和有序分子取向的可能。因此，在不需要考虑晶格匹配的情况下，类石墨烯二维材料的低缺陷表面表现出与有机材料的良好相容性[8-9]。近年来，随着有机太阳能电池的迅猛发展，有机材料和有机－无机钙钛矿等体系在获得高性能光伏特性方面也引起了极大的关注，更多的新型有机材料被发掘出来，为二维类石墨烯－有机异质结注入了更多的活力[10-12]。因此，二维类石墨烯－有机异质结的构建可解决各自材料的缺点，以提供实现低成本、大规模、柔性和高速光电探测器件的可行方法[8]。

为了构筑高性能的异质结，需要考虑不同材料的能带结构和特性，因此应选择不同种类的材料。众所周知，二维材料和有机材料都具有各自丰富的材料库，这使得研究者能够根据需求寻找相应材料并形成合适的异质结。目前，科学家探索了多种类型的二维材料，包括半金属（如石墨烯）[13]、半导体［如过渡金属二硫化物（transition metal dichalcogenides, TMDs）］[14]、绝缘体（如 h-BN）[15]、磁性材料（如 FeTe）等[16]。此外，TMDs 材料（如 MoS_2）的带隙也显示出与层数相关的可调性。由于独特的光电特性，这些不同类型的二维材料可以在光电探测器中发挥不同的作用。同样，有机材料家族在过去几十年中得到了广泛的开发，包括聚合物[17]、小分子[18]、复合物[19]、共价有机框架（covalent organic framework, COF）[20]和金属有机框架（metal organic framework, MOF）[21]。有机材料也涵盖范围广泛的材料类型，如铁电体［如 P（VDF-TrEE）］[22]、半导体（如 Pentacene）[23]、绝缘体（如 PVCN）[24]和光致变色分子（如 DAE）[25]。根据能带匹配情况，研究人员为上述有机材料命名了更多的功能术语，特别是在太阳能电池领域（如空穴传输层和电子传输层等）[26]。这些丰富的材料确保了二维－有机电荷转移光电探测器的多样性。

最初，二维光电探测器的研究是从场效应晶体管框架开始的[27-29]。由于单体二维器件的探测性能较差（通常小于 0.01 A/W）[30-31]，早期构建的电荷转移二维－有机平面或垂直 P-N 结，以提高解离效率和响应度为目标（图 1-1 左上角）[32-33]。此外，这里出现了两种折中关系需要注意。一方面，厚膜确实可以提高响应度，但远离界面的载流子很难漂移进入沟道中被收集。因此，厚度和传输效率是需要权衡的关系之一[34]。另一方面，在太阳能电池中获得高功率转换效率（power conversion efficiency, PCE）的策略引起了研究者的注意，其对二维－有机异质结中的光伏光电探测器提供了参考[35-37]。将高 PCE 混合物或界面与二维材料相结合大幅度缓解了有机材料激子的高结合能问题[32,38]，极大促进了激子解离，将量子效率显著提高到 9% 以上[39]。小分子为二维－有机异质结提供了高度有序和高质量的电荷转移界面（图 1-1 右上角），但此类体系在太阳能电池中的 PCE 较低，在 10% 左右[18,40]。相比之下，新的体异质结在太阳能电池中的 PCE 超过 17%[41-42]，这是混合分布导致了相对无序的贯穿界面分布的结果，这使得新的体异质结具有更好的解离性。界面与效率之间的权衡关系是第二个需要考虑的因素。

然而，目前大多数二维 - 有机异质结工作波段覆盖了紫外光到可见光和部分近红外光区域，却难以覆盖完整的通信窗口[32-33]。为了实现长波探测，研究人员分别在二维和有机材料方向上进行突破[54]，通过使中红外带隙材料黑磷（black phosphorus，BP）[55-56]和黑砷磷（black arsenic-phosphorus，B-AsP）[57-58]与波导[59]、法布里 - 珀罗腔[60]、等离子体结合以实现长波高性能探测[61-62]。有机超分子和电荷转移复合物补充了有机光探测中的近红外和中波红外区域（图 1-1 右下角），但有机光探测仍被限制在 3 μm 附近[49,63]。近期，研究者还通过采用开隙石墨烯[64]、极化场[51]、热释电[51,65]等更全面的设计策略，在二维 - 有机异质结中实现了 10 μm 的探测（图 1-1 左下角）。近年来，随着社会进入大数据时代，人们对多功能光电探测器提出了更高的要求，如高速通信、光记忆、光调制、片上计算光电子芯片等。另外，为打破冯・诺依曼架构，更先进、更兼容、更复杂集成的光电子芯片亟须被探索，这给新型光电探测器特别是二维 - 有机异质结探测器创造了巨大的发展空间。因此，二维 - 有机异质结在多功能、高性能探测中仍然存在挑战和机遇。

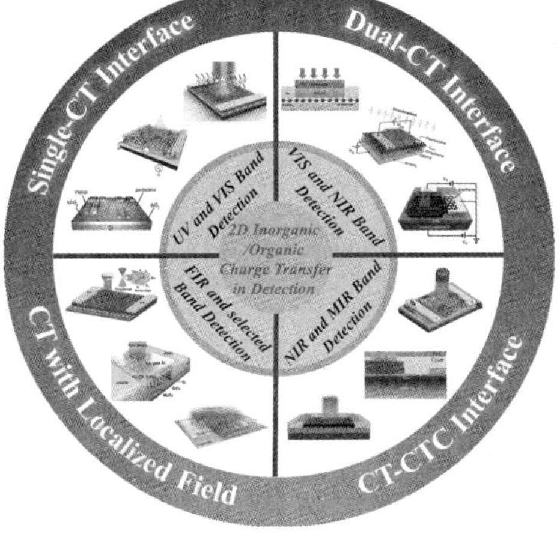

图 1-1　基于二维 - 有机异质结的光电探测器分类

1.2 二维-有机异质结概述

1.2.1 二维-有机电荷转移类型的分类

设计有效的能带匹配是制作多功能、高性能光电器件的关键。异质结的基本电荷转移类型由不同位置的价带、导带、能带的对齐方式决定，例如肖特基、type-Ⅱ型和type-Ⅲ型等。根据电荷转移的不同组合，在二维-有机异质结探测器的发表论文中主要报道了四种二维-有机电荷转移类型，分别为：单电荷转移异质结、双电荷转移异质结、电荷转移-电荷转移复合物异质结、与局域场耦合的电荷转移异质结。

下面对每种电荷转移类型进行说明。

(1)单电荷转移异质结：包括type-Ⅱ、type-Ⅱ-B(Z形结)和肖特基能带匹配在内的单电荷转移异质结常见于二维-有机电荷转移异质结中(图1-2第一行)。交错的能带排列提供了激子解离和电荷转移路径，用于收集载流子并受内建电场作用最终产生响应。得益于光伏效应和高整流比，这类电荷转移异质结实现了低噪声和灵敏的光电探测。

(2)双电荷转移异质结：旨在进一步解决二维材料-有机物之间的能带匹配问题，减小单电荷转移中出现的能带差异，形成能带差异更小的阶梯型能带对齐。部分非对称背靠背异质结还能提高光诱导的不对称性以收集光电流(图1-2第二行)。这类双电荷转移异质结显著提高了量子效率并降低了二维-有机器件的能量损失，为设计超灵敏和多功能光电探测器提供了新途径。

(3)电荷转移-电荷转移复合物异质结：通常用于实现近红外到中红外

波段的探测，基于轨道杂化的电荷转移复合物产生的低带隙会被引入二维－有机探测器件中(图 1-2 第三行最右侧)。有效的低能量解离是电荷转移复合物实现中红外探测的关键一步。因此，研究人员利用基本电荷转移类型与电荷转移复合物的结合(图 1-2 第三行)，可以从电荷转移复合物中分离出低能量吸收的光生载流子，从而产生响应。

(4) 与局域场耦合的电荷转移异质结：是一种利用外部局域场，增强固有电荷转移态的近场共振和调控探测波长的有效方法(图 1-2 第四行)。特别是对于某些特定波段和长波段的探测，设计对应有效的局域场，如将超表面场和极化场与固有二维－有机电荷转移异质结结合，可以优化二维－有机异质结的探测功能。在这类结构中，等离子激元和光热电效应等多种探测机制协调地结合在一起，使器件可以实现高性能光电探测。

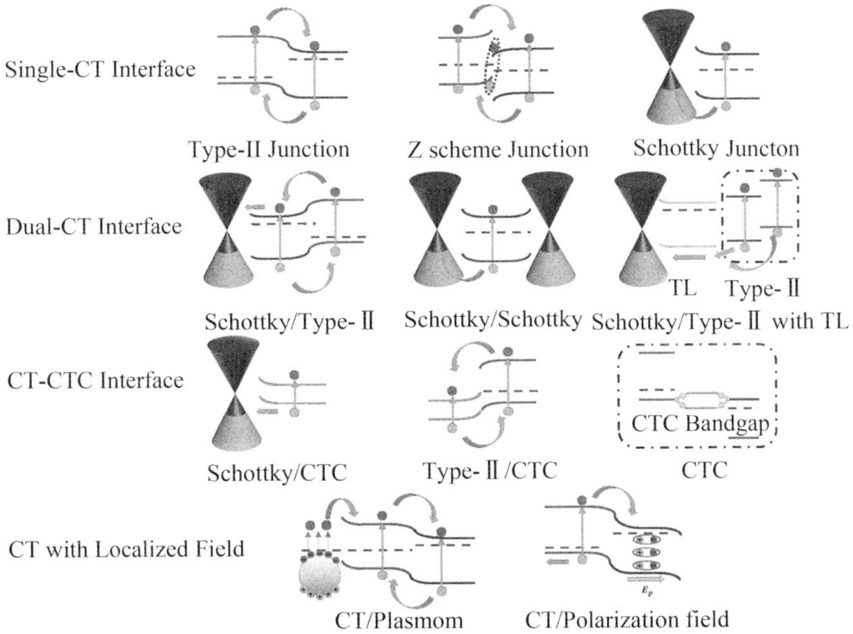

图 1-2　二维－有机的主要电荷转移异质结框架

1.2.2 二维材料和有机材料的探测光谱情况

大多数聚合物和小分子有机材料的带隙小于1.6 eV。单个窄带非富勒烯受体(NFA)的吸收光谱范围被限制在300～1000 nm(带隙：1.7～1.1 eV)[66]。对于典型的窄带小分子材料，如酞菁材料中的酞菁铜(CuPc)[67]、酞菁锌(ZnPc)[68]、酞菁铅(PbPc)[69]和二氯化锡萘酞菁($SnNcCl_2$)[70](带隙：1.2～0.8 eV)，卟啉基小分子中的双键芘(P-fused)[71]，以及卟啉中的DHTBTEZP[72]和4，4'-联吡啶[73](带隙：1.2～0.75 eV)，它们的光谱覆盖了部分通信波段。

一些超窄带系统，包括具有长共轭长度的有机材料、给体-受体共轭聚合物、给体-受体复合物和给体-受体-给体共轭聚合物[74]，被用来拓宽探测范围。共轭共聚物如poly(5，7-bis(4-decanyl-2-thienyl)-thieno(3，4-b)diathiazole-thiophene-2，5)(PDDTT)[75]、polythieno[3，4-b]thiophene(PTT)[76]和dithienobenzotrithiophen(DTBTT)[77]可以覆盖1600 nm的近红外区域。对于探测波长更长的共轭聚合物poly[(4，7-bis[3-hexylthien-2-yl]-2l4d2-benzo[1，2-c；4，5c0]bis[1，2，5]thiadiazole)-alt-(N-(3，4，5-tris(dodecyloxy)phenyl)-dithieno[3，2-b：20，30-d]pyrrole](PBBTPD)而言[78]，其具有低至0.54 eV的窄带隙。除了长链分子，给体-受体复合物在超窄带(0.4 eV)电荷转移态中也显示出较强的吸收能力，这为长波中红外探测提供了可能[79]。例如最近，具有电子拓扑特征的超分子给体-受体被证明可以实现12 μm的探测(带隙小于0.1 eV)[79]。作为储能器件的新替代材料，共价有机框架和金属有机框架由于较大的比表面积而表现出优越性，也由于优良的光电特性被运用于探测器中[20, 80]。例如，共价有机框架材料ETBC-TAPT具有约2.6 eV的带隙，可以覆盖可见光范围探测[81]；金属有机框架材料Ni-CAT-1具有0.48 eV的窄带隙，可以覆盖近红外波段探测[82]；另一种金属有机材料CuTCNQ具有0.37 eV的窄带隙，这使其具有覆盖 10 μm 波段的探测能力[83]。

与有机材料相比，二维材料等低维材料覆盖了紫外到太赫兹的宽波带光谱[4]。半金属石墨烯由于其零带隙能带，几乎可以覆盖整个波段。黑磷和黑砷磷的体材料带隙分别接近0.3 eV 和0.15 eV，也能覆盖较宽波段至中红外区域[55,58]。另外，MX_2类型的材料，包括 MoS_2、$MoSe_2$、WSe_2、WSe_2和 $ReSe_2$等，适用于可见光和近红外探测[84]。某些过渡金属硫族化合物，如 $PtSe_2$(双层带隙为 0.2 eV)和 $MoTe_2$(带隙为 0.12 eV)可以将波长范围扩大到远红外[85-87]。此外，外尔半导体 Te(带隙接近 0.4 eV)填充了从可见光到中红外光谱的空隙[88]。然而，零带隙石墨烯从紫外到太赫兹的低吸收率限制了其在探测中的应用。

有机和二维材料的覆盖光谱如图 1-3 所示，这为二维 - 有机异质结探测器光谱设计提供了直观的对比。因此，适当的材料光谱选择和电荷转移类型的结合可以扩大探测范围并实现独特的光电功能。

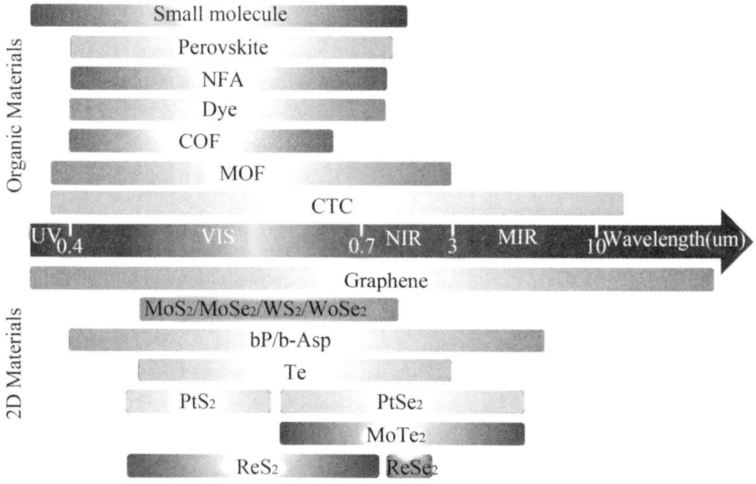

图 1-3　有机材料和二维材料的探测光谱比较

1.3 二维-有机异质结探测器的主要结构

1.3.1 二维-有机中的单电荷转移异质结

1.3.1.1 垂直P-N结

P-N结大部分基于type-Ⅱ型的能带排列，显著促进了光生电子-空穴对的解离。当器件在探测模式(反向偏置)特别针对弱功率进行探测时，在很小的反向偏置下就可以获得出色的外量子效率。反向偏压下的暗电流是一个至关重要的探测器参数，垂直器件的主要噪声来源于散粒噪声。由于空间电荷区的存在，P-N结光电二极管可以在零偏压或自供电模式(光伏模式)下工作。另外，除了特殊的雪崩光电倍增管外，垂直P-N结光电二极管大多没有增益。

在二维-有机异质结中，类似石墨烯的二维材料可以为形成高质量二维-有机界面提供π-π键合平台，但相对较弱的内建电场阻碍了电子-空穴对的有效解离，而垂直P-N结可依赖外部电压解决这一问题。由于二维材料的层数较少，与场效应器件结合的二维-有机垂直P-N结在电调制方面表现出相对较大的优势。因此，垂直P-N结为二维-有机可电调高性能探测器件提供了解决方案。

对于二维-有机P-N结的实现，研究人员通常选用典型的N型二维半导体材料，例如具有1.2～1.9 eV层相关带隙的MoS_2。高迁移率P型有机材料通过范德华堆叠[89]、范德华外延[90]、气相沉积可以与N型二维半导体材料结合形成P-N结[91]。

2015年，Liu等人利用单晶红荧烯和机械剥离的MoS_2制备了红荧烯-

MoS_2的 P-N 结二极管[图 1-4(a)][89]。通过施加栅极电调制，该二极管实现了从 10^2到 10^5的高整流比[图 1-4(b)]。另外，在 4 V 的偏置电压下，光电二极管实现了 510 mA/W 的响应度和 5 ms 的响应速度。与提供 π 共轭条件的石墨烯衬底相比，MoS_2 - C_8-BTBT 的范德华力更低并且易于发生分子间相互作用。因此，He 等人制备了另一种范德华异质结 MoS_2 - C_8-BTBT，其响应度较小，为 22 mA/W，开路电压为 0.5 V[图 1-4(c)和(d)][90]。MoS_2 - Pentacene 制作的非双极结可以探测到 6.8 mW 的可见光，产生超过 0.3 V的开路电压，其利用光刻胶产生的曝光窗口制备而成，可以部分解决有机光刻不兼容的问题[图 1-4(e)和(f)][91]。为了探究解决二维 - 有机异质结的量子效率问题，Liu 等人制备了外量子效率高达 11% 的 WS_2 - PTCDA 异质结[43]。此外，他们还发现 PTCDA 和 WS_2异质结中激子与波长相关的淬灭率不同，最终导致外量子效率波动。此外，拓扑绝缘体 - 有机异质结(Bi_2Se_3 - 红荧烯)具有负微分电阻，可以实现 124 A/W 的最大响应度[92]。有机材料的持久光电导效应会严重影响器件的速度和造成基线漂移，而他们通过异质结抑制了少数光载流子的捕获。由于载流子的有效解离，持久光电导效应被消除，最终使器件响应时间低至 58 ms。

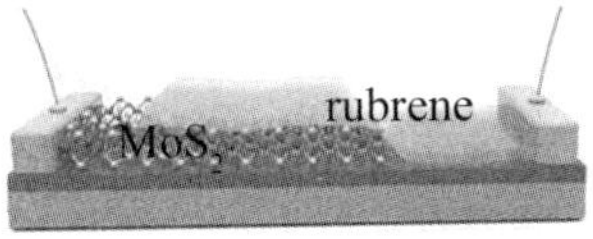

(a) MoS_2 - 红荧烯的 3D 侧视图[89]

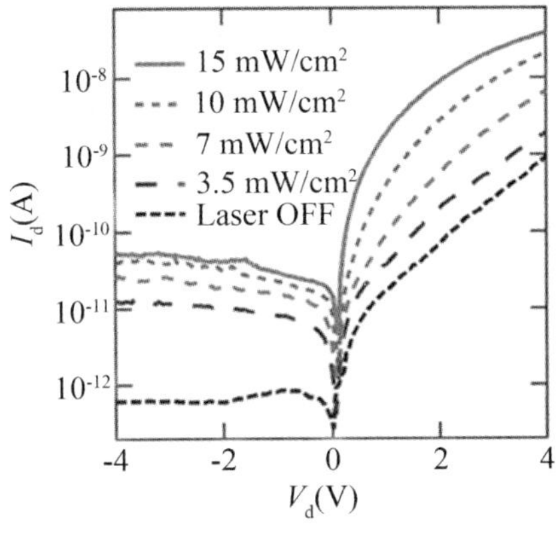

(b) MoS_2 - 红荧烯在辐照下的电压 - 电流(*I*-*V*)曲线[89]

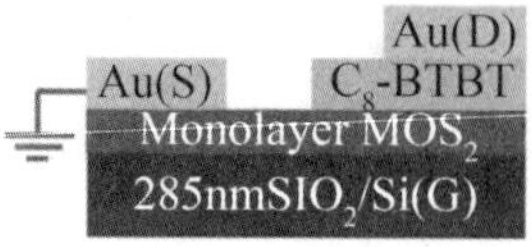

(c) MoS_2 - C_8-BTBT 的结构示意图[90]

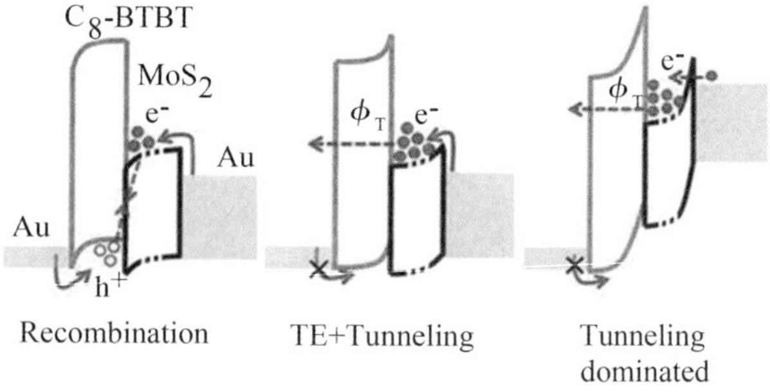

(d) MoS_2 - C_8-BTBT 的 *I-V* 机理[90]

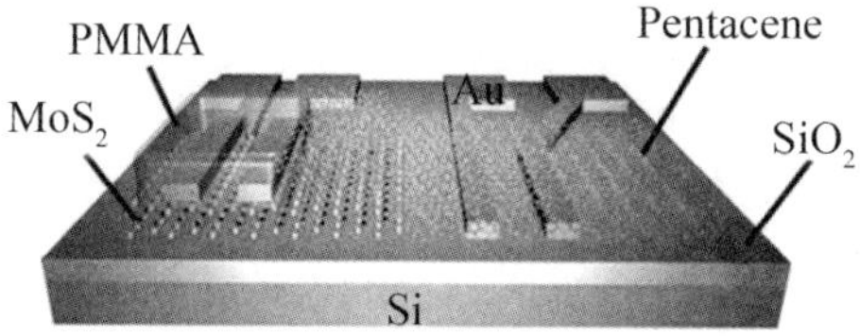

(e) MoS_2 - Pentacene 器件的结构[91]

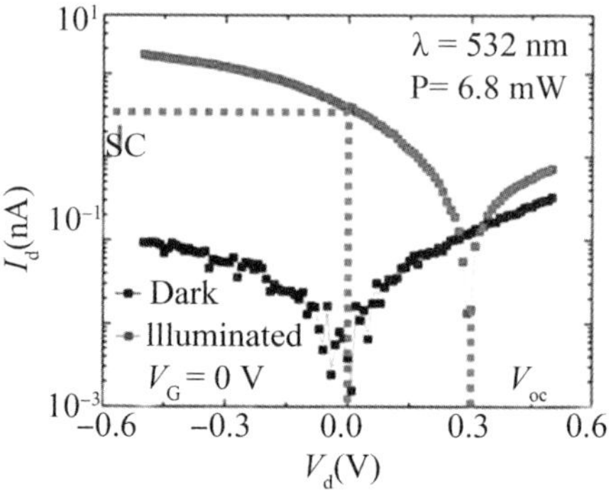

(f) MoS_2 - Pentacene 的 *I-V* 曲线[91]

图 1-4 垂直 P-N 结二维 - 有机单电荷转移光电探测器

1.3.1.2 垂直肖特基势垒管

与石墨烯类似的具有高导电性和低态密度的半金属二维材料提供了实现高速、大调制幅度光电器件的可能。这类半金属二维材料在与半导体有机材料接触时可以形成类肖特基结。石墨烯作为不对称接触的功函数易于调节，因此石墨烯肖特基结的可调势垒可以实现高开关比。与 P-N 结相比，半金属石墨烯的费米能级可调，使得自身的整流范围和暗电流调节范围更加灵活。与金属 - 半导体相比，石墨烯 - 有机物处肖特基结的势垒高度具有较大的调制空间，可以产生较大的整流比，其整流 I-V 特性可以写为[34]

$$I_{ds}=I_{sat}\times\left[\exp\left(\frac{qV_{ds}}{nk_BT}\right)-1\right],\ I_{sat}=\left[\frac{qD(V_g)}{\tau}(k_BT)^2\left(\frac{\phi_B}{k_BT}+1\right)\right]\left[\exp\left(\frac{-q\phi_B}{k_BT}\right)\right]\tag{1-1}$$

式中，I_{sat}是饱和电流；ϕ_B是肖特基势垒；$D(V_g)$是石墨烯的态密度。

探测器可以在势垒型光电晶体管中实现三个主要目标：(1)通过适当的栅极偏置抑制暗电流；(2)高开关比(栅极可调)；(3)高线性动态范围(栅极可调)。

从探究二元电荷转移异质结开始，研究者就将石墨烯与有机 π 分子结合以获得高质量的界面[93-94]。较早的器件是由有机单晶[2，6-diphenyl anthracene(DPA)]生长在石墨烯表面，在可见光波段可以实现 110 A/W 的光响应度和 10^{13} Jones 的比探测率[93]。通过施加栅极偏置变化，该器件可以使肖特基势垒从开启切换到关闭。Cui 等人将 N 型 PTCDI-C_8与石墨烯结合，在 400～650 nm 波段内可以实现功率低至 1 μW 的高灵敏度探测[94]。然而，与石墨烯-硅异质结相比，在二维-有机异质结系统中，源自石墨烯本征吸收机理的内部光电发射效应目前并未用于长波长光电探测中[95]。

1.3.1.3　平面 P-N 结或肖特基结

有限厚度的二维材料的低吸收率将导致器件响应度低。为了获得较高的探测响应度，在光电导结构中，有机材料由于其高光吸收系数可以作为吸收增强层，而低态密度的零带隙石墨烯可以作为收集光生载流子的沟道。当使用具有带隙的二维材料时(如 TMDs)[96]，二维和有机材料将同时为光响应提供光生载流子。

Konstantos 等人结合 PbS 量子点和石墨烯形成光电导结构，基于光栅极效应将响应度提高到了 10^7 A/W[97]。因此，借助上述器件的优势，平面电荷转移异质结被用于构建二维-有机光电导器件，利用不同的有机材料作为光敏层，包括染料[98-100]、聚合物[101-105]、小分子[44-45,64,106-111]、光催化剂[112]、叶绿素[113]、有机-无机钙钛矿[114]、COF[81]和 MOF[82,115]。

Li 等人构建了有机染料若丹明 6G(R6G) - 石墨烯光电导探测器，在 532 nm处以 1 μW 的输入功率实现了 460 A/W 的高响应度[98]。Yu 等人制造的另一个 R6G 敏化的 MoS_2光电探测器[图 1-5(a)]，由于带间跃迁的引入，展示了覆盖近红外(1000 nm)的宽带响应[99]，响应度为 1.17 A/W，比探测率为 1.5×10^7 Jones[图 1-5(b)]。另外，研究人员还通过调整花青染料[5, 5′, 6, 6′-tetrachlorodi(4-sulfobutyl)benzimidazolo-carbocyanine(TDBC)]的聚集情况，实现了窄带探测。石墨烯 - TDBC 器件显示出窄带探测的半高峰宽在中心峰 585 nm 处接近 50 nm，并且具有 0.02 A/W 的响应度[100]。

一些典型的 π 键聚合物也可以与二维材料结合构建高性能异质结探测器。Huisman 等人最初使用 poly(3-hexylthiophene-2, 5-diyl)(P3HT)与石墨烯复合以实现 10^5 A/W 的探测响应度和 10^7的增益[101]。另一种低带隙非富勒烯给体 thieno[3, 4-b]thiophene - benzodithiophene(PTB7)通过自组装在石墨烯表面，具有高达 1.8×10^5 A/W 的响应度和 7.8 ms 的响应时间[102]。此外，研究者还在 MoS_2 上探究引入长链聚合物 poly(diketopyrrolopyrrole-terthiophene)(PDPP3T)的情况。最终，MoS_2 - PDPP3T 异质晶体管实现了近红外探测波长为 850 nm、响应时间为 4 ms 的探测性能[103]。Yu 等人利用高温制备 poly[3, 6-difuran-2-yl-2, 5-di(2-octyldodecyl)-pyrrolo[3, 4-c]pyrrole-1, 4-dione-altthinylenevinylene](PDVF) - 石墨烯异质结，利用退火产生的协同效应以进行选择性波长探测[104]。

一些酞菁小分子如 CuPc[106]和 ZnPc，也可以与 MoS_2结合形成光电导结构[图 1-5(c)][44]。两者都依赖 MoS_2和酞菁物之间的 P-N 结，此类 P-N 结抑制了电荷转移的俘获状态以实现高速响应(低至 436 μs)[44, 106]。Shao 等人采用 edge-on 的 5, 15-bisdodecyl-tetrabenzoporphyrin(C12TBP)与石墨烯形成 π-π 堆叠界面(轨道耦合和杂化)，以改善界面电子转移过程[107]。该器件在 850 nm 波段显示了 2230 A/W 的响应度。Sun 等人在石墨烯 - J-聚集的 PTCDI-C_{13}之间夹入隧穿层 h-BN[图 1-5(d)]。该结构由栅极偏置调制，通过直接隧穿对产生的光生载流子进行束缚和释放，能够在 550 nm 波长下产生一个波长选择，并实现三个周期的光存储功能[图 1-5(e)]。这是基于 J-聚集 PTCDI-C_{13}窄带吸收的结果[108]。Sun 等人利用光栅极调控机理，实现了 10^3 A/W 的响应度。

一种与石墨烯结合得更好的晶格匹配材料 C_{60}(富勒烯)，被广泛用于有机太阳能电池中，而 C_{60}与石墨烯的结合进一步展现出了它们之间的强载流子交换[116, 117]。Qin 等人在石墨烯上自组装 C_{60}制作了具有高灵敏度(10^7 A/W)和高环境稳定性的紫外光电探测器，并且可以实现 5 ×5 阵列和稳定性较高的探测[109]。通过 C_{60}的电泳沉积，Chugh 等人制备的石墨烯 – C_{60}的响应灵敏度高达 10^9 A/W，探测光谱覆盖 1100 nm[110]。为了实现长波红外探测，Yu 等人利用石墨烯纳米带打开一个较小的带隙以吸收远红外光，并且利用 C_{60}的电子陷阱束缚态，在 10 μm 处实现了 0.4 A/W 的响应度[64]。

尽管用溶液法制备的厚的聚合物薄膜具有高光吸收的能力，但它们中的绝大多数的界面都较差，难以保证光电探测器的高量子效率。由于有效激子长度有限(通常为 5 ～10 nm)，具有低透射率的厚敏感膜阻碍了界面处的吸收，并且长距离传输也存在消耗。另外，不均匀分子的热蒸发和无序薄膜还将导致界面处的载流子缺陷。为了解决这些问题，Jones 等人用单晶红荧烯修饰石墨烯以解决载流子传输不均匀和有效激子长度短的问题，其器件实现了 10^7 A/W 的响应度和 9×10^{11} Jones 的比探测率[118]。另外，为了克服激子传输和效率问题，许多研究人员利用起了自组装和气相外延生长原子级有序的层状二维有机晶体[119-121]。Liu 等人通过超薄外延在石墨烯上表面外延了几层有机小分子 C_8-BTBT 以获得高质量界面[图 1-5(f)]，其器件表现出较高的内量子效率(41%)和响应度(1.8×10^5 A/W)[45]。类似的还有自组装 BTBT 与 MoS_2形成的异质结[图 1-5(g)和(h)][111]。

此外，一些有机 – 无机杂化材料、光催化剂和叶绿素在与二维材料结合时也表现出了优异的性能。Velusamy 等人设计了由 g-C_3N_4和 MoS_2组成的混合纳米片平面光电探测器[112]，g-C_3N_4/MoS_2异质结光电探测器显示出较强的紫外 – 可见光探测特性。Chen 等人报道的石墨烯 – 叶绿素光电探测器采用天然叶绿素作为光吸收层，利用叶绿素对光的高转换效率，实现了高达10^6的增益和10^6 A/W 的响应度[113]。此外，$CH_3NH_3PbI_3$钙钛矿在钙钛矿太阳能电池中表现出了出色的光电特性[122]，当这种光活性层与石墨烯结合时，可实现$5\times10^4\%$的外量子效率和180 A/W 的响应度[114]。

MOF 和 COF 是新一代排列有序的 π 电子有机材料，具有高热稳定性、与任意衬底结合的高兼容性[123-124]。虽然，光电特性可以通过拓扑周期性和添加侧链来调整，但 MOF 和 COF 的较大孔隙率导致的较差的电导率(10^{-4} S/cm)会影响其光电应用[125-126]。因此，将 MOF、COF 与高迁移率二维石墨烯结合是一种合适的策略[81, 127]。Xiong 等人受益于石墨烯中 π 电子平面的帮助，将 COF 制备在石墨烯上表面，使器件表现出优异的探测性能(响应度为3.2×10^7 A/W，响应速度为 1.14 ms)[图 1-5(i)][81]。此外，MOF 被转移到具有更有效的光束缚波纹结构石墨烯上制备高性能器件[115]，该器件的响应度达到了10^6 A/W，最小探测功率为 16 pW。除了石墨烯外，Wang 等人将 MOF(Ni-CAT-1)与Bi_2Se_3结合，在光电导模式下构建了 type-Ⅱ型异质结[82]。Ni-CAT-1的带隙为 0.48 eV，这使 type-Ⅱ型异质结的探测能力扩展到了 2000 nm、响应度高达 4725 A/W。

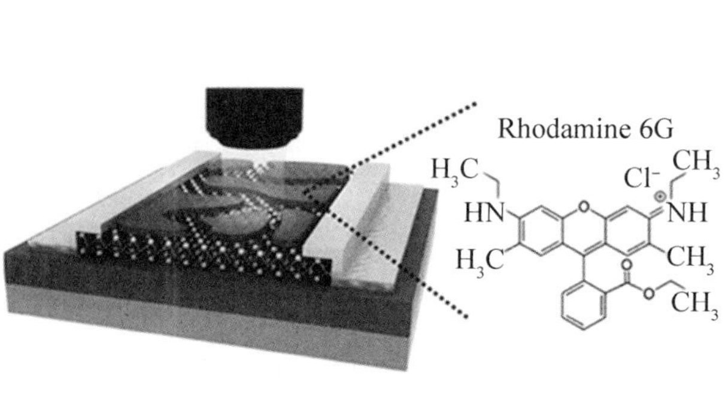

(a)MoS_2-R6G 光电晶体管[99]

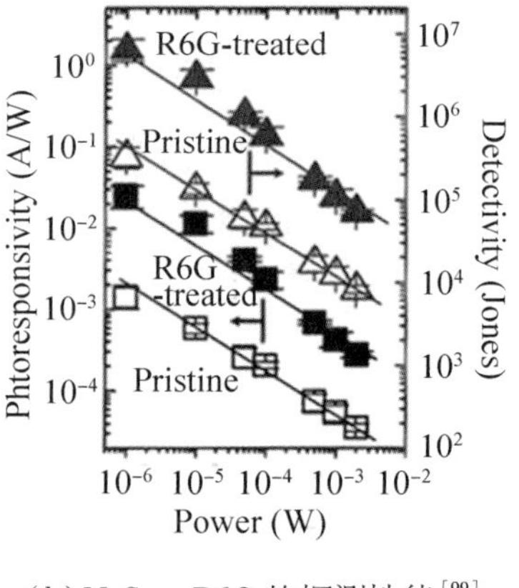

(b)MoS_2-R6G 的探测性能[99]

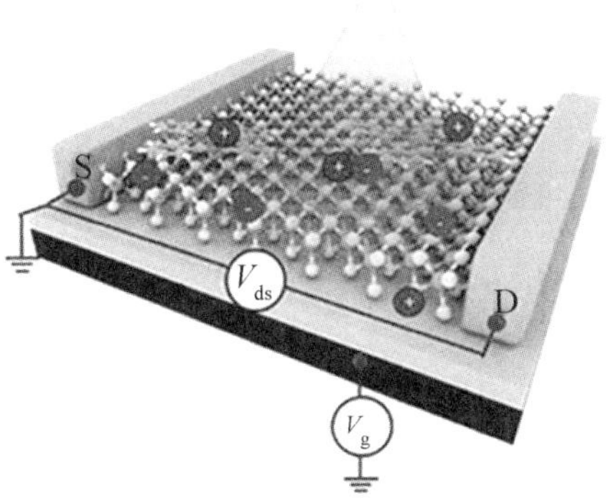

(c) MoS_2－ZnPc 异质结示意图[44]

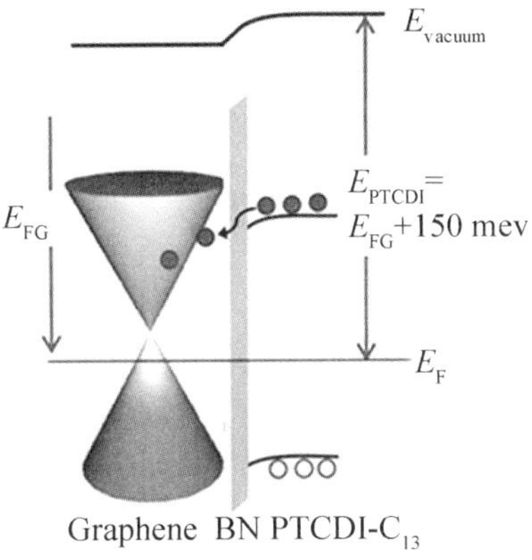

(d) 石墨烯－h-BN－J-聚集 PTCDI-C_{13}的三维结构[108]

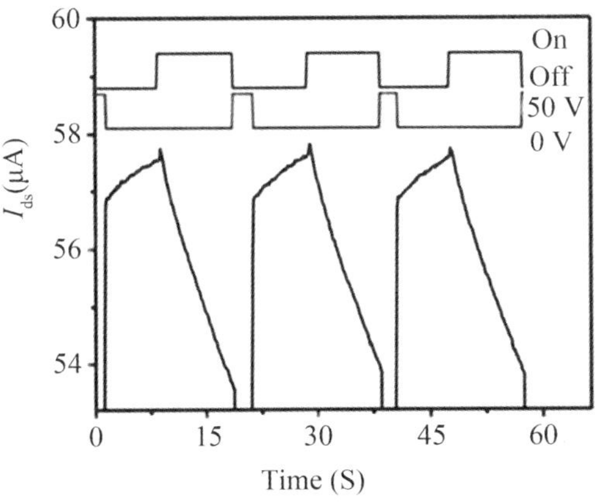

(e) 光电晶体管的三个存储周期测试[108]

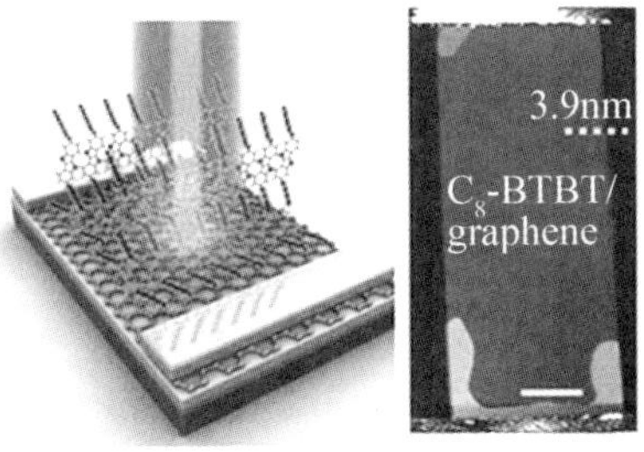

(f) 石墨烯－C_8-BTBT 的结构和原子力显微镜图[45]

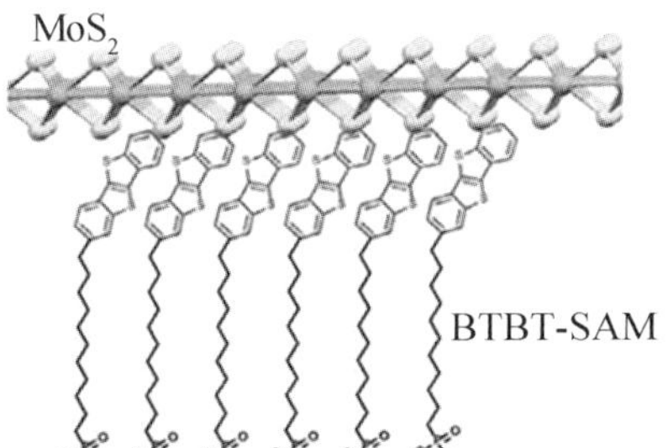

(g) 自组装制备MoS_2－BTBT晶体示意图[111]

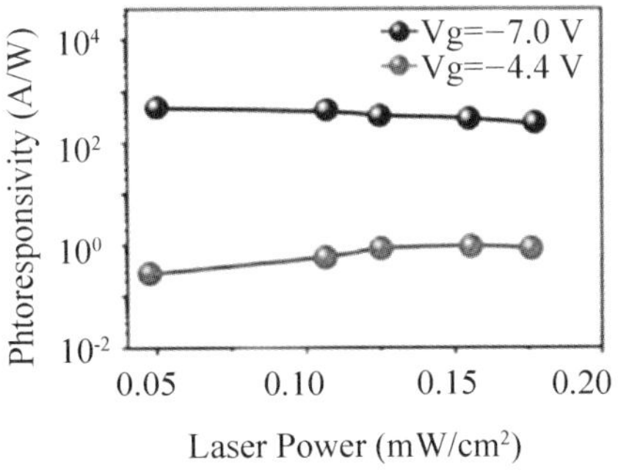

(h) 不同功率密度下的光响应表征[111]

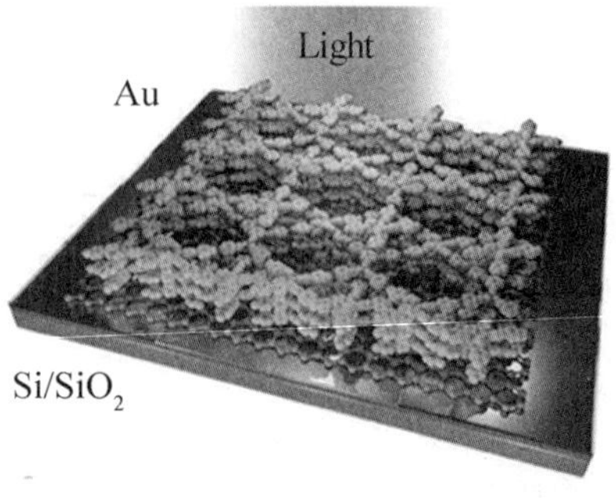

(i)石墨烯－COF光电探测器示意图[81]

图1-5 平面P-N结或肖特基结二维－有机光电探测器

1.3.2 二维－有机双电荷转移异质结

1.3.2.1 垂直势垒管与体异质结和平面异质结结合

虽然肖特基结和P-N结可以促进载流子有效分离，但单电荷转移态解离有机高束缚能激子的能力仍然有限。为了获得器件的高性能，研究者提出了更复杂的多层框架。有机P-N结包括有机体异质结(bulk heterojunction, BHJ)和平面异质结(planar heterojunction, PHJ)，二者与石墨烯结合，可以进一步抑制暗电流和提高光电流。在这种情况下，考虑到肖特基和P-N结，增加栅极和偏置电压可以实现多种情况的能带匹配。

为此，Lim等人将有机供体－受体混合异质结引入石墨烯肖特基结中[图1-6(a)和(b)][128]，通过电调构成“冷陷阱”以减少复合，提高了综合参数(比探测率高达10^{13} Jones，响应时间低至49 μs)。Kim等人制备了石墨烯－Pentacene－PTCDI-C_8器件，实现了1.26×10^9 Jones的比探测率，并可以覆盖宽光谱范围[图1-6(c)和(d)][46]。将石墨烯夹在有机P-N结中间，利用栅极可调节肖特基势垒可以实现多色谱探测[图1-6(c)][129]。施加正负栅极可以分别区分520 nm和655 nm的入射光[图1-6(f)]。此外，由于

$PTCDI\text{-}C_{13}$的J聚集和阻挡层h-BN抑制暗电流的效果，有机物夹在石墨烯－h-BN－石墨烯中间的四层结构实现了窄带和低噪声探测[108]。最近，Yun等人在bP表面上实现了自组装C_{60}分子，以构建具有0.2～0.5 eV可调势垒的石墨－C_{60}－bP异质结，同样可对暗电流进行4个数量级调制[130]。此外，器件还展示出了110 A/W的光电探测能力，可以覆盖400～1060 nm的探测范围。

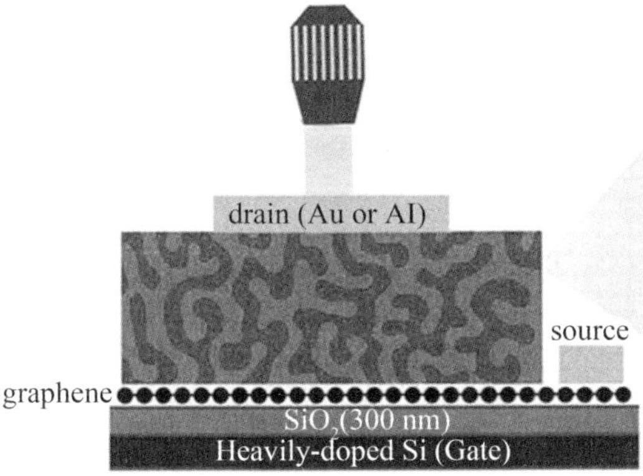

(a)石墨烯－PBDB-T(PC71BM的三维结构)[128]

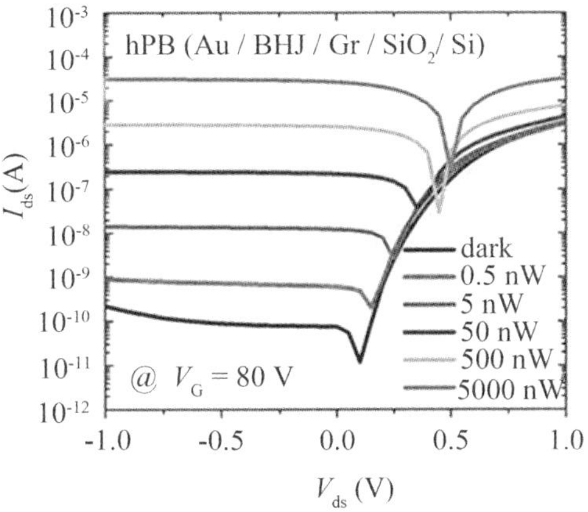

(b)不同输入光功率下的输出特性曲线[128]

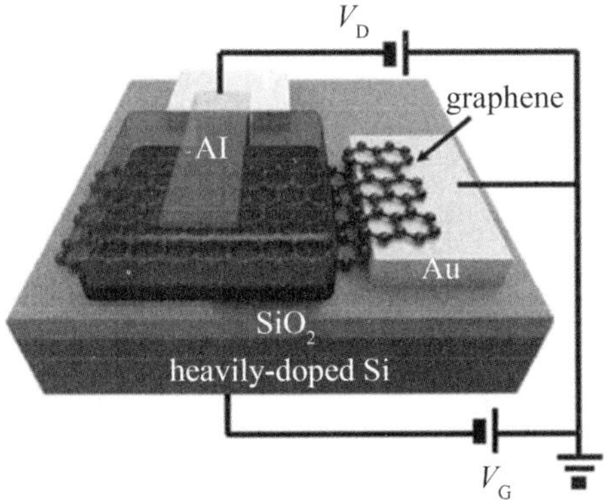

(c)石墨烯－Pentacene－$PTCDI\text{-}C_8$的示意图[46]

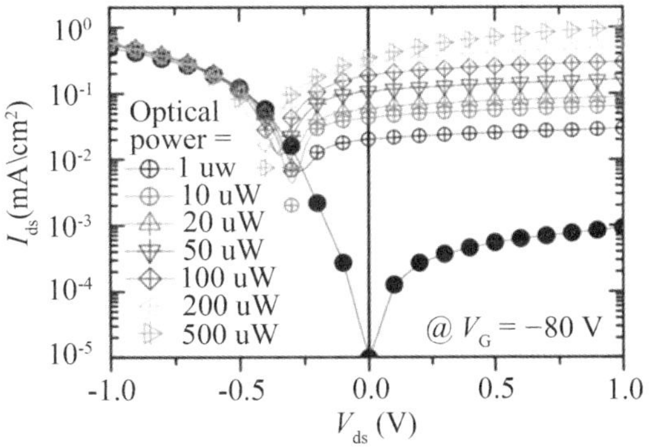

(d)石墨烯－Pentacene－$PTCDI\text{-}C_8$的电流－电压关系[46]

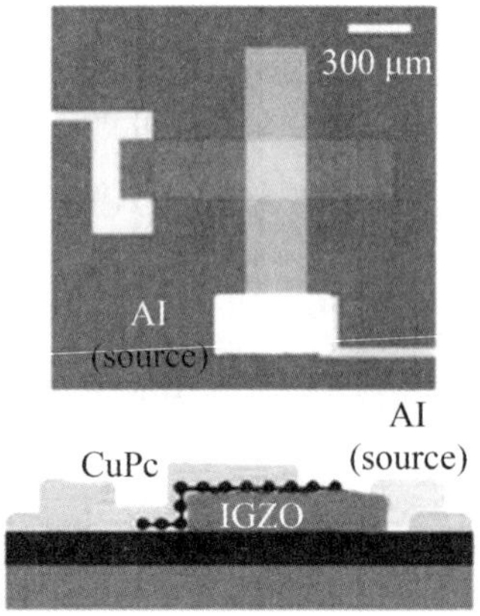

(e) IGZO - 石墨烯 - CuPc 的三维示意图[129]

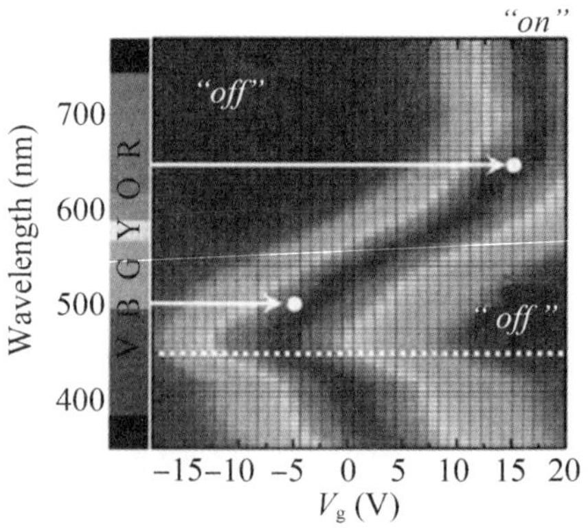

(f) 具有不同栅极偏置的双色可调特性[129]

图 1-6 光电探测器中的垂直二维 - 有机双电荷转移异质结探测器。

1.3.2.2 平面结构肖特基与有机体异质结或平面异质结结合

有机材料中紧密束缚的激子对会经历电荷转移、电荷解离和电荷收集过程。有机材料的激子结合能高达 1 eV，称为 Frenkel 激子。为了获得离域的自由载流子，需要对界面处的有效电场进行解离。为解决此问题，研究人员利用较强的垂直电场提高激子的解离效率，并通过使用顶部透明电极[131]、垂直双栅极[132]、极化场[53]以增强垂直电场。然而，在大多数光电导器件中没有用于激子解离的外加电压驱动，因此，构建垂直方向的有效内建电场是亟须解决的科学问题。考虑到光生载流子的耗尽和分离问题，BHJ 和 PHJ 被很好地用于设计基于二维 - 有机的光电导器件。这些异质结有三个优点：高量子效率，扩大了响应度与时间参数的平衡抵消范围，拓宽了频谱(给体 - 受体系统中的频谱大多是非重叠频谱)。

研究人员通常将这些优点与光栅极效应带来的增益相结合，而增益与不同的尺度和空间束缚模式有关，这是由异质结的界面情况和能带排列决定的。此外，由于器件的束缚能级是栅极可调的，因此其器件增益也是可电调的。PHJ 为束缚选定的载流子提供了在空间上进行限制的能带，这类能带容易设计出光栅极效应器件。相比之下，BHJ 提高了激子解离的比例并扩大了异质结的界面接触范围。对于钙钛矿中的激子结合能较低的情况（接近 10 MeV），器件设计方案略有不同。将低百分比的组分材料（如 PCBM、MoS_2）掺杂到钙钛矿中作为混合活性层，可以形成另一种混合载流子束缚状态[133-134]。Qin 等人将 1% 的 PCBM 添加到钙钛矿中，将涂层旋涂到石墨烯上，使二者作为光响应层和电子束缚层[133]。最终，器件的响应度可达 8×10^5 A/W，最低探测功率可低至几纳瓦。这类器件与石墨烯－钙钛矿类器件相比，在响应度和最低探测功率方面提高了三个数量级[114]。Peng 等人以类似的机制用与还原氧化石墨烯结合的 MoS_2 纳米片对钙钛矿进行改性，在柔性器件中实现了 1.04×10^4 A/W的响应度[134]。

层状的给体－受体异质结在光探测、有效激子产生和解离方面表现出更好的优化效果。在这种结构中，受体始终充当中间层，其厚度被限制在几纳米以内。因此，大量 PHJ 给体－受体异质结被引入二维－有机光电导结构，包括 PTCDA － Pentacene[39]、PTCDA － C_8-BTBT[137]、C_{60} － Pentacene[47,135]和 C_{60} － ZnPc[138]。Chen 等人使用顺序范德华外延制备了高质量的石墨烯－PTCDA－Pentacene 光电晶体管，几纳米的优化中间层确保了内建电场覆盖整个有机异质结，以减少载流子传输到沟道中的损耗[图 1-7(a)][39]。在高栅极电压下，器件的响应速度显著降低至 20 μs[图 1-7(b)]。随后，Liu 等人基于 C_8-BTBT 的长侧链特点，用 C_8-BTBT 在上述结构中取代 Pentacene，实现了 5.67×10^5 A/W 的响应度和 10^9的高增益[137]。基于类似结构，以 C_{60} － Pentacene 替换 PTCDA － Pentacene 也实现了类似的效果，并将响应波长扩展至 1550 nm，使响应速度达到了 275 μs[图 1-7(c)][135]。其中，C_{60}保证了优异的界面和解离性。在此基础上，随着激子有效长度的增加，Nguyen 等人优化了 C_{60} － Pentacene 在石墨烯上的衬底平整度以实现均匀组装[图 1-7(d)和(e)][47]。通过对中间层厚度的调整，He 等人通过竞争机制揭示了多层异质结的内部传输现象，最终使器件实现了 10 kHz 的工作速度[138]。

除了在二维材料上沉积双层给体-受体异质结，Gao 等人提出了一种新的策略来减轻有机染料-石墨烯中的聚集情况并使器件形成了较强的空间载流子束缚态。如图 1-7(f)所示，中间层 $Zn_{0.9}Mg_{0.1}O$ 纳米颗粒可防止染料 BODIPY 敏化剂的聚集而引起的宽带吸收，使器件实现了在 60 nm 半高峰宽下响应度为 8×10^3 A/W 的性能[136]。与石墨烯-染料 R6G 器件相比[98,99]，此器件获得了10 倍的性能提升。

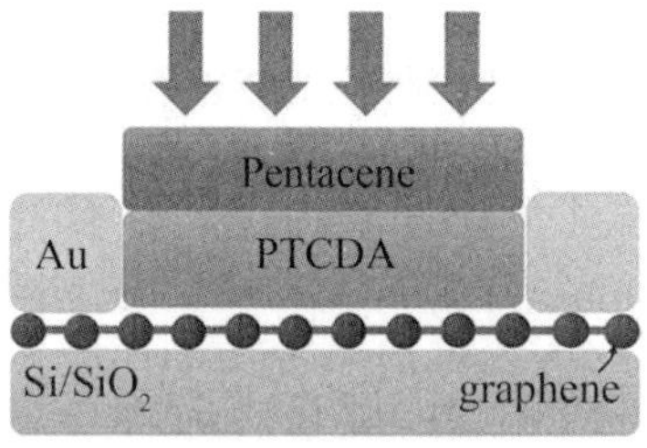

(a)石墨烯-PTCDA-Pentacene 光电晶体管[39]

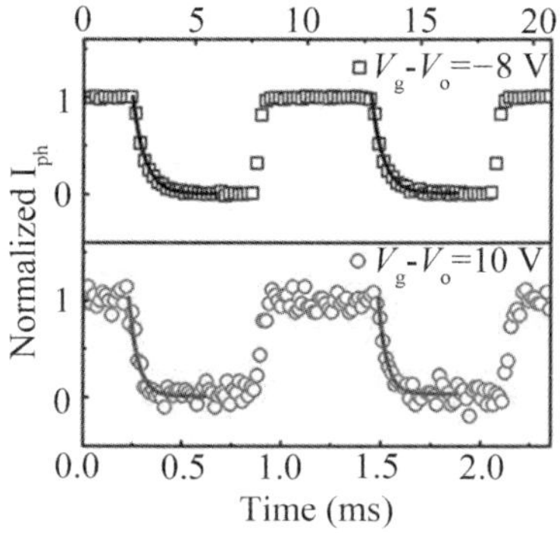

(b)器件响应速度[39]

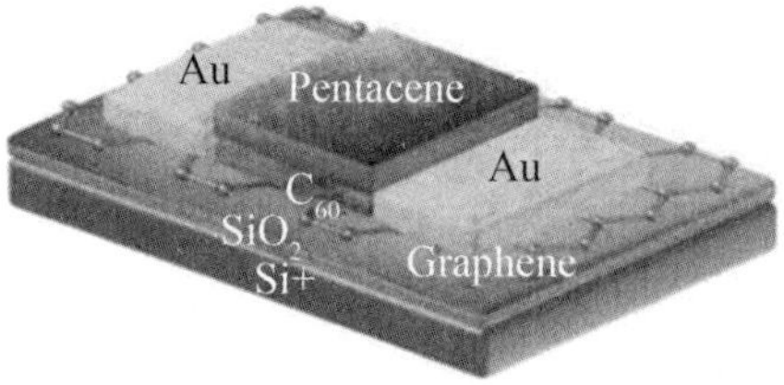

(c)石墨烯-C_{60}-Pentacene 光电晶体管的结构[135]

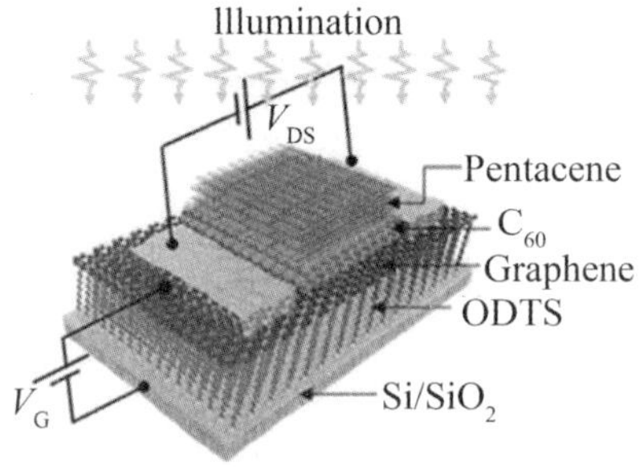

(d)ODTS 衬底的石墨烯-C_{60}-Pentacene 结构[47]

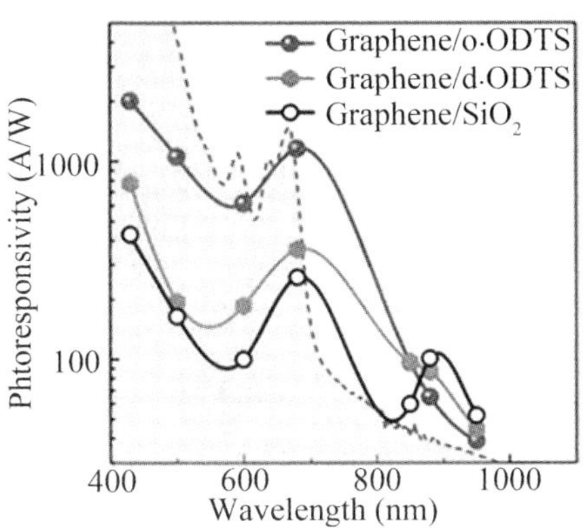

(e) 波长相关的响应度[47]

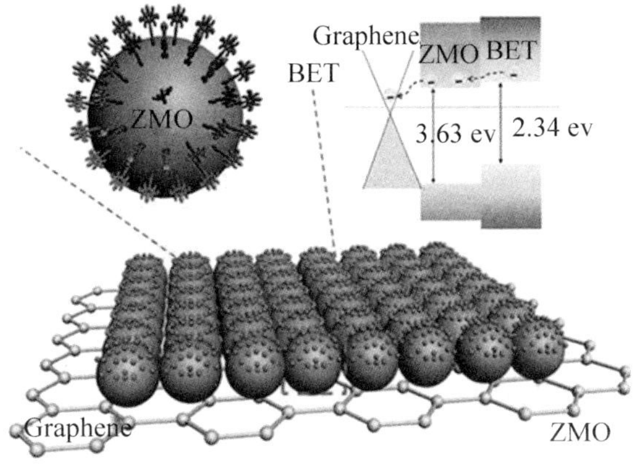

(f) 石墨烯 - $Zn_{0.9}Mg_{0.1}O$ NPs - BET 染料的器件结构[136]

图 1-7 平面二维 - 有机双电荷转移异质结光电探测器

1.3.2.3 增加传输层的二维 - 有机电荷转移异质结

传输层是有机电池中的关键部分，用于防止活性层与电极直接接触而发生载流子猝灭。此外，在平面光电导体中，传输层扮演着有源层和沟道之间的缓冲者。在这类结构中，研究人员将活性层与传输层形成分层结构堆叠于二维材料表面，比如典型的空穴传输层包括 P3HT 和 PTAA，被用于载流子解离和阻挡。Xie 等人利用石墨烯 - P3HT - $CH_3NH_3PbI_{3-x}Cl_x$ 结构使器件发挥出了前所未有的光响应性能，其响应度最高可达 4.3×10^9 A/W，探测波长可扩展至 1300 nm[图 1-8(a)和(b)][139]。另一种具有良好柔韧性和稳定性的石墨烯 - PTAA - 钙钛矿器件也基于类似的机理[图 1-8(c)][140]。另外，随着F4-TCNQ掺杂剂掺入 PTAA 提高了结构的空穴迁移率，结构的光电流比原结构增加了 60%。对于小分子系统，研究人员的目标是生产一种选定的载流子传输层，以减轻光栅极效应的束缚状态。与石墨烯 - C_{60} - ZnPc 的原本结构相比，Lee 等人将 ZnPc 掺入 C_{60}，提供返回沟道的空穴复合路径[图 1-8(d)]，可确保器件工作在 100 kHz 频率下[图 1-8(e)]，将器件的响应时间优化到了 19 μs(提升 300 倍)[141]。掺杂剂 ZnPc 消除了晶格匹配的限制，从而释放了束缚在活性层给体 ZnPc 中的光生空穴。

为了使石墨烯 - BHJ 获得高灵敏度和光响应性，最佳给体 - 受体比例一般是基于有机电池的高能量转化效率的比例，这也确保了 BHJ 具有高解离率。然而，直接将 BHJ 旋涂到二维材料沟道上会导致载流子复合(无特定载流子选择进入沟道)，从而产生较低的光电流。因此，为了获得高增益并抑制复合，应在石墨烯 - BHJ 之间增加传输层，用于一种载流子提取和另一种载流子阻断。根据功能要求和能带排列，可以选择适合的空穴传输层或电子传输层。最近，He 等人将石墨烯 - 三元有机 BHJ 与电子传输层 ZnO 结合构建了高性能多功能光电晶体管[图 1-8(f)][142]。由于 ZnO 提供的深空穴俘获态和电子提取效应，器件可通过不同的栅极电压实现可调光记忆和光电探测切换功能。器件有着 6.1×10^{6} A/W 的响应度和超过 1000 s 的记忆保留时间，其显著的高灵敏度为生物探测提供了机会。

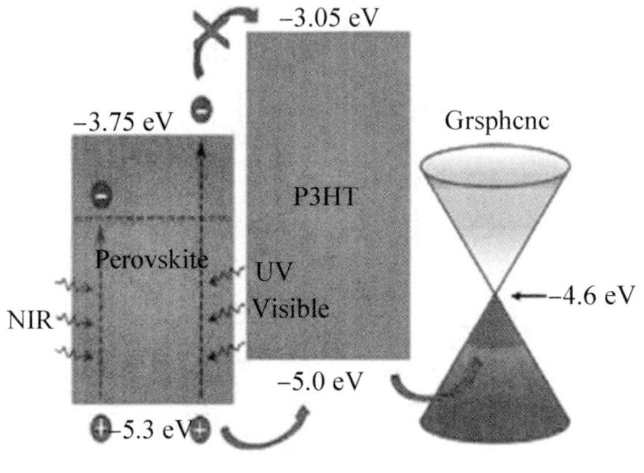

(a)石墨烯 - P3HT - 钙钛矿结构示意图[139]

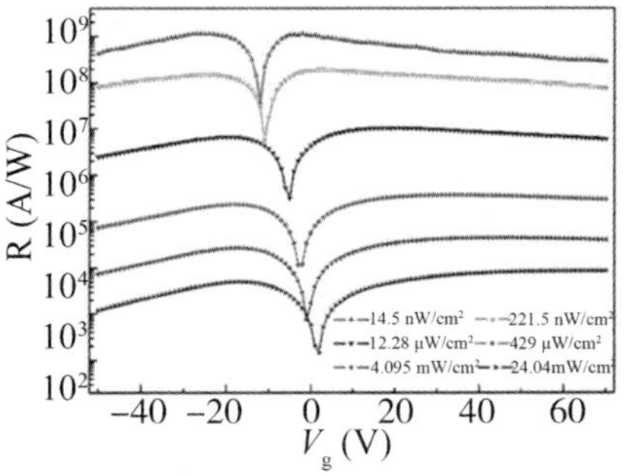

(b)作为电压门和各种光功率函数的响应度[139]

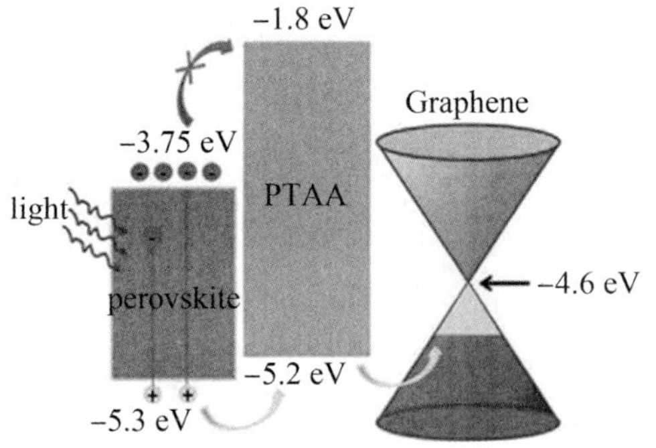

(c)石墨烯 - PTAA - 钙钛矿光电晶体管的示意图[140]

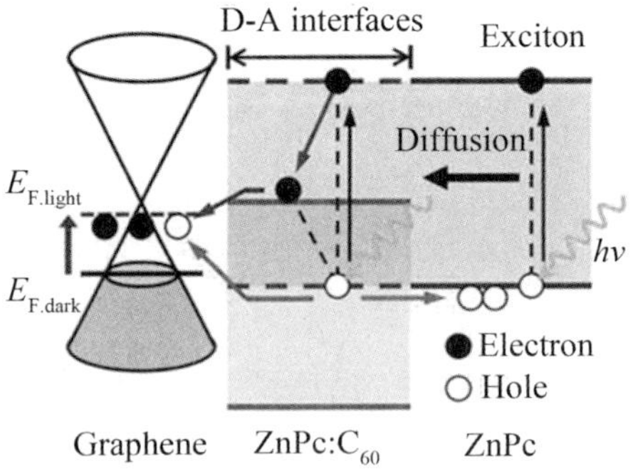

(d)石墨烯 - ZnPc : C_{60} - ZnPc 光电探测器结构[141]

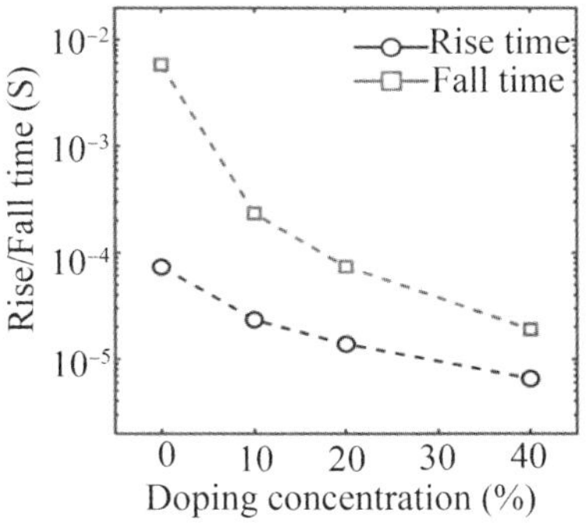

(e) ZnPC 的掺杂比例与响应速度关系[141]

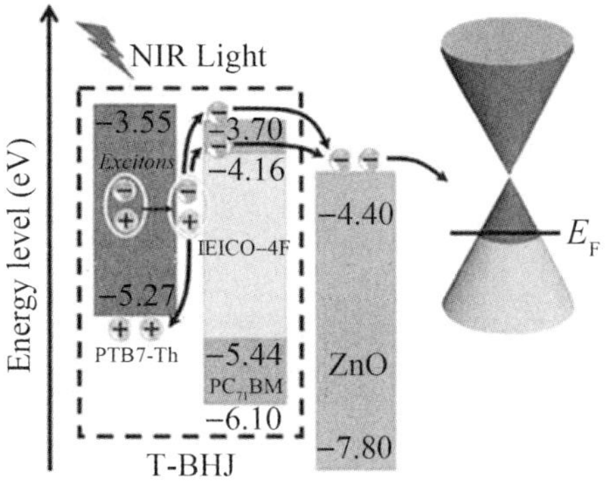

(f) 石墨烯 - ZnO - IEICO-4F : PTB7-Th : $PC_{71}BM$ 在近红外照明下的能带排列[142]

图 1-8　与传输层结合的二维 - 有机平面异质结光电探测器

1.3.3　二维 - 电荷转移复合物异质结

作为二维 - 有机异质结中光电探测的主要吸收或响应层，常见的有机材料的吸收光谱通常被限制在 400 ～ 700 nm，而红外波段为 0.7 ～ 1000 μm[74,143]。这可能会阻碍二维 - 有机异质结在红外波段的深度应用和发展。虽然，窄带隙非富勒烯受体(1.2 eV 的带隙)的出现解决了异质结的开路电压损耗，但仍然只覆盖了近红外 1100 nm 区域[11]。随着有机掺杂剂的发展，小分子掺杂剂可以对共轭的有机分子进行掺杂。因此，研究人员探索了一系列整数电荷转移复合物。整数电荷转移复合物可以使供体和受体完全电离，从而形成一个空穴给体阴离子对，如噻吩 - TCNQ 体系。这类复合物中给体材料的费米能级一般超过受体材料，这将使电子在两者接触之后从受体转移到给体[63,144]。由于给体 - 受体之间的键合和受体诱导负阴离子的影响，该系统中将耦合出现一个新的窄带隙。

电荷转移复合物的不同制备方法可能会影响其对应光电器件的结构与性能。电荷转移复合物有以下几种主要的制备方式，包括混合旋涂[145]、浸涂[146]、顺序旋涂[147]、顺序蒸发[148]等。电荷转移复合物的窄带吸收需要类似的窄带隙能带形成错位能带匹配(较难匹配)，来解离其高束缚能的激子以转化成光电流信号，因此长波长激发过程在通常情况下的光电转化效率较低。

近年来，研究人员广泛利用电荷转移复合物获得了更宽的探测波段范围。目前，主要有四种类型的电荷转移复合物体系被应用于光电探测，包括噻吩：TCNQ[150]、poly-TPD：BCF[151-152]、TTF：CA[48]和PQT-12：F4TCNQ[50]。它们的大部分吸收波长覆盖中红外波段，带隙约为0.3～0.8 eV。一些纯有机电荷转移复合物红外探测器件已经被探究。例如，Li 等人设计了带隙为0.6 eV的 poly-TPD：BCF 光电晶体管，将 poly-TPD：BCF 埋在栅极上方作为浮栅光敏器件。他们将器件的探测光谱扩展到 2500 nm，使部分器件的探测波长几乎能达到中红外波段[151-152]。

研究人员将基础电荷转移类型与电荷转移复合物相结合以获得高响应度。对于噻吩 - TCNQ 系统，Iqbal 等人将 P3HT：F4TCNQ 与石墨烯结合，将探测范围从 900 nm 扩展到 1550 nm，使器件具有 6×10^5 A/W 的响应度，使低至 250 fW 的超弱光也能进行探测[150]。继此工作之后，他们利用带隙为0.5 eV的 TTF：CA 代替 P3HT：F4TCNQ 制备了类似结构的石墨烯异质结探测器[图 1-9(a)和(b)][48]，其探测光谱可达 2.2 μm，响应度为 10^5 A/W，比探测率高达 10^{13} Jones[图 1-9(c)]。Yang 等人制备的三元异质结光电探测器由 PQT-12：F4TCNQ(带隙为 0.4 eV)与沟道单壁碳纳米管组成[图 1-9(d)和(e)][50]。在这种结构中，电荷转移复合物和沟道材料之间可以形成 type-Ⅱ型能带排列，以促进激子解离。在弱功率光照(100 nW/cm^2)下，器件仍可采集到 2600 nm 的信号，比探测率达到 3.12×10^{14} Jones，响应度高达 2.75×10^6 A/W[图 1-9(f)]。

除了利用给体 - 受体型有机材料形成电荷转移复合物外，二维材料与有机材料或者给体基团、受体基团结合也可以诱导轨道交叠和杂化形成新电荷转移态[图 1-9(g)和(h)][78,149]。Cui 等人揭示了有机材料和二维材料之间的分子间电子跃迁，在石墨烯－TCNQ 结构上制作了探测光谱扩展到 2000 nm、响应度为 2000 A/W 的光电探测器[图 1-9(i)][149]。此外，另一种电荷转移复合物通过局部激发跃迁，对电荷转移的吸收贡献超过 80%。Yao 等人证明了通过 PTCDI-C_8二聚体诱导的新型分子间和分子内电荷转移可将吸收光谱扩展到 940 nm[49]。通过使用石墨烯作为底部接触电极和顶部的纳米网支架，石墨烯－PTCDI-C_8二聚体器件展现出高达 2×10^5 A/W 的高响应度，响应时间为 10 ms。

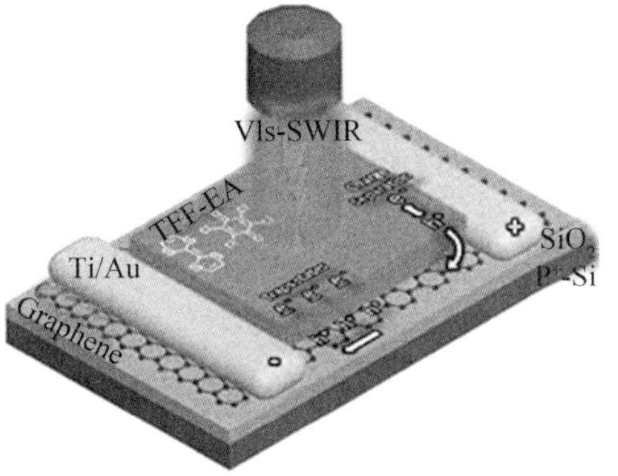

(a)石墨烯－TTF：CA 平面光电探测器的特性[48]

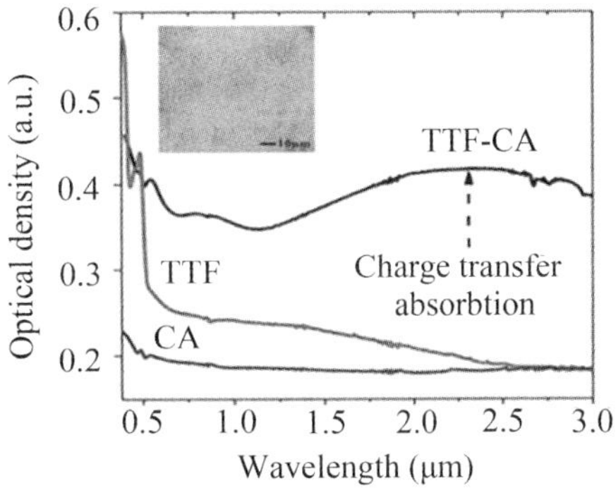

(b)以吸收光谱为特征的电荷转移复合物的形成[48]

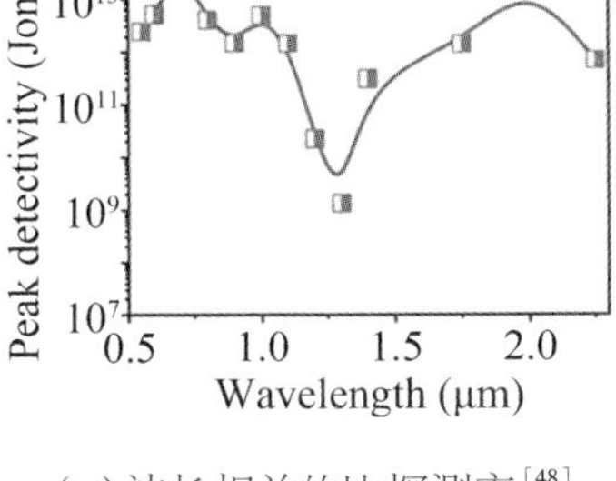

(c)波长相关的比探测率[48]

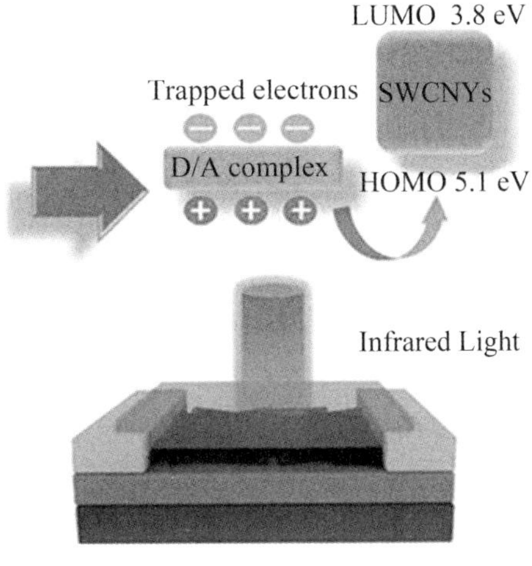

(d)MWCNTs－PQT-12：F4TCNQ 光电晶体管的器件架构[50]

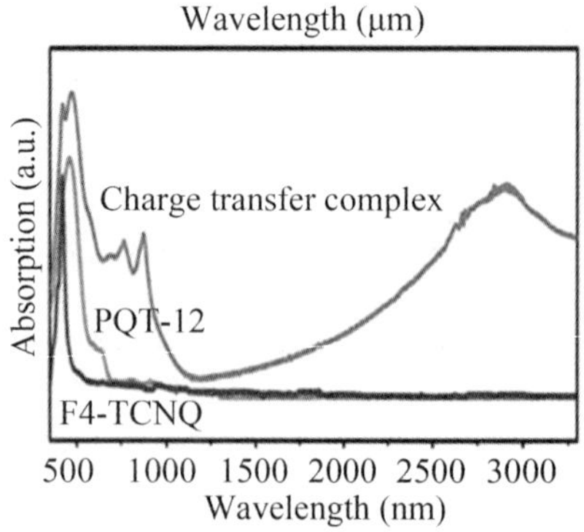

(e) 电荷转移复合物 PQT-12 ：F4TCNQ 的吸收光谱[50]

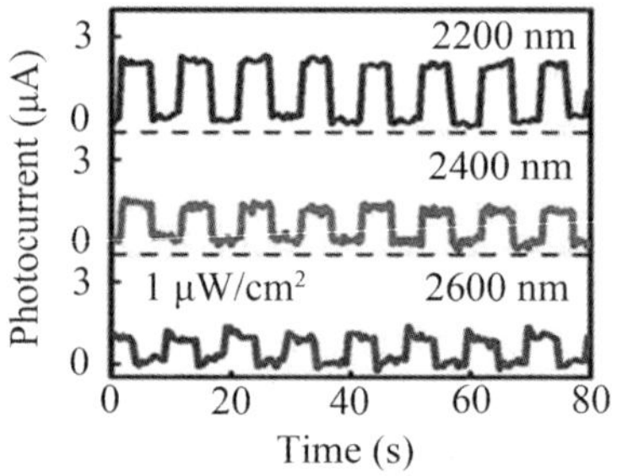

(f) 近红外响应覆盖 2200 ～2600 nm[50]

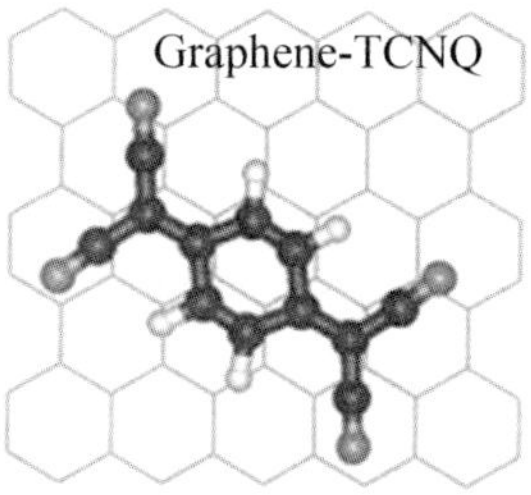

(g) 石墨烯 – TCNQ 电荷转移复合物的分子结构[149]

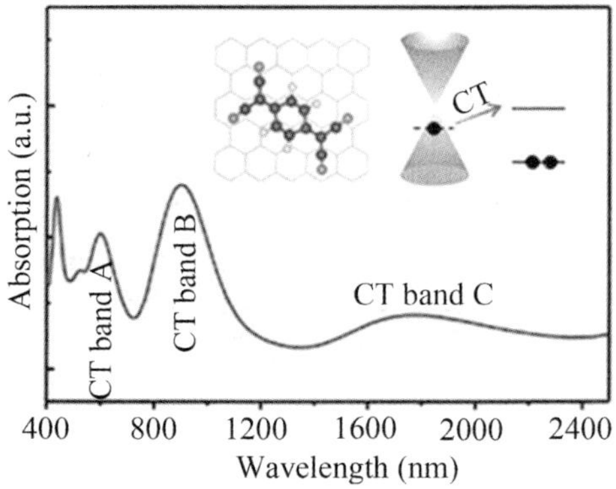

(h) 电荷转移复合物的能带杂化吸收分析[149]

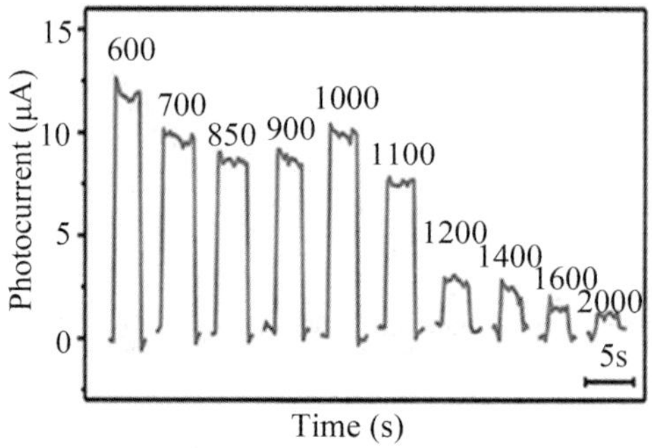

(i) 600 ～2000 nm 的宽带响应[149]

图 1-9　二维 – 有机电荷转移复合物光电探测器

1.3.4 二维-有机电荷转移异质结与其他局域场结合

1.3.4.1 与等离子体局域场结合

John Pendry 提出的第一个开口谐振环和电磁斗篷掀起了研究超材料和超表面的热潮[153]。最近，二维或有机基异质结中的等离子体-声子和等离子体-激子耦合引起了基础研究领域的极大关注[154-156]。不管是对于二维材料还是有机材料，局域表面等离子体共振已被广泛用于加强光与物质的相互作用。通过设计等离子体，可以实现长波长、偏振、多色谱探测[157]。例如，半金属石墨烯与金属图案结合或利用自身形成的周期图形，可以实现中红外探测和免校准偏振探测[158-159]。相比之下，有机材料的光刻问题使得其与亚波长金属阵列结合表现不佳，因此应该注意制备顺序防止有机材料受到破坏。正因为如此，对于目前的二维-有机等离子体光电探测器，可以设计衬底超表面和夹层超表面两种类型。

金属等离子体多层结构与电荷转移态相结合产生了几个可能的优势：(1)近场增强可以扩展活性层的光学厚度；(2)等离子体促进更多热电子产生；(3)微结构提供的空间束缚状态可以减少载流子复合；(4)增强本征二维-有机电荷转移态特定波段的吸收。

原子厚度的二维材料的吸收率受限导致其光转换效率低下。为了解决二维-有机电荷转移结的低功率转换效率，Petoukhoff 等人在图 1-10(a)中采用超表面作为基底来提高 MoS_2-P3HT：PCBM 的吸收并增加有源层的有效光学厚度[160]。最终，器件的光信号增强了 6 倍，实际光学厚度增加了 90 nm[图 1-10(b)和(c)]。为了保证二维-有机异质结与等离子体表面的近场耦合，有源层的物理厚度应该受到限制，而原子厚度的石墨烯不会影响钙钛矿载流子传输和近场增强。通过等离子体的吸收转化，热电子被石墨烯沟道收集，有助于光电流的提高。通过这种方法，石墨烯-钙钛矿-

金纳米颗粒器件会具有 2×10^3 A/W 的响应度[161]。

Feng 等人展示了金的方形纳米阵列夹在石墨烯 - 钙钛矿结构之间的器件[图 1-10(d)][52]。他们同时利用光栅极效应和等离子体效应放大机制，实现了 18.71 A/W 的响应度和 10^4的开关比，如图 1-10(e)所示。与上述光电探测器类似，石墨烯 - 钙钛矿探测器通过溅射金纳米星形颗粒来促进光捕获与吸收[162]。拥有夹层金纳米星形颗粒的器件的光响应度提高了 7 倍，最高可达 5.9×10^4 A/W。因此，夹心等离子体显示出良好的热载流子收集和近场增强能力。

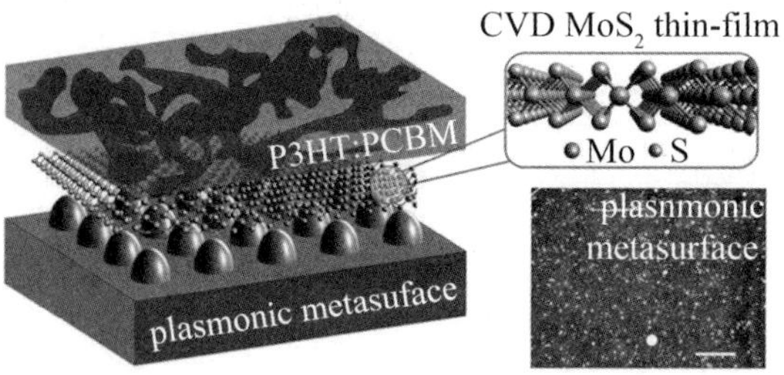

(a) MoS_2 - P3HT : PCBM 与超表面集成的特性[160]

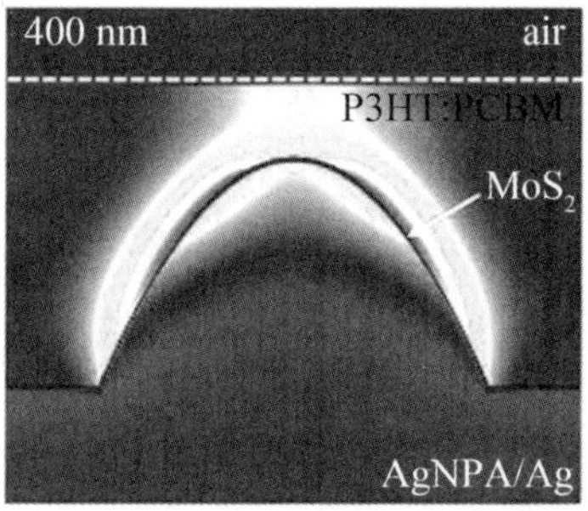

(b) MoS_2 - P3HT : PCBM - 超表面的场图[160]

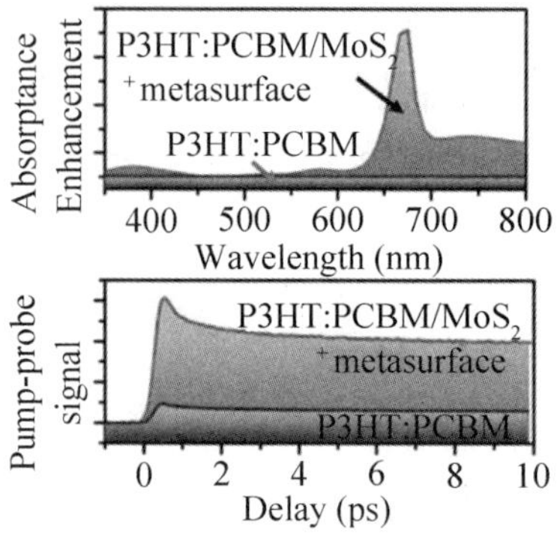

(c) 瞬态泵浦吸收测试[160]

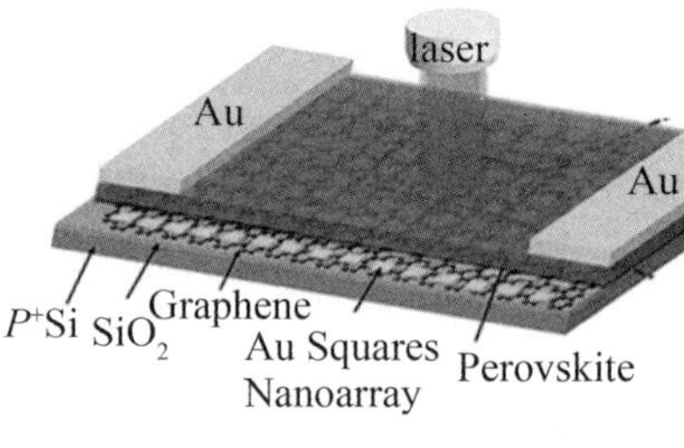

(d) 石墨烯 - 超表面 - 钙钛矿器件的示意图[52]

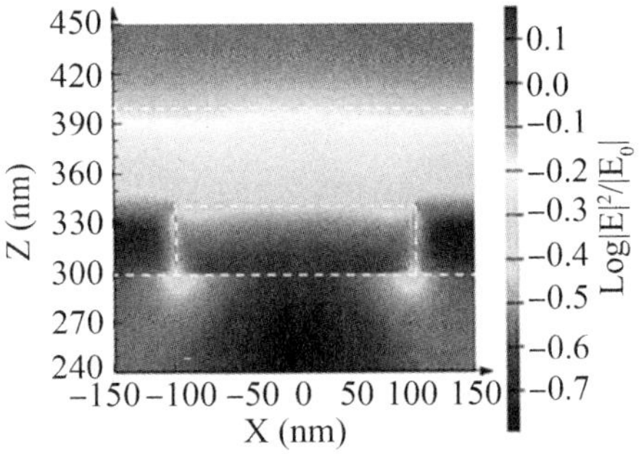

(e)石墨烯－超表面－钙钛矿的空间场图像[52]

图 1-10　等离子体增强二维－有机光电探测器

1.3.4.2　与极化场结合

极化场广泛应用于基于栅极调制的非易失性存储单元[163,164]，例如压电和铁电材料的极化。得益于具有原子层厚度的二维材料，压电－二维或铁电－二维异质结展示出极化场调制优势。例如，中性石墨烯费米能级的低态密度将使其获得更大的极化场调制能力[165]。栅极调制可以引起剩余极化的变化，调节沟道的耗尽－积累状态。由于此特性，在二维－有机探测的结构设计中，有机材料有时充当铁电体或用于束缚层，而二维材料一般充当导电沟道。

极化场结合二维－有机电荷转移光电探测的优点总结如下：(1)提高有效载流子的传输距离；(2)抑制暗电流；(3)产生表面束缚态；(4)诱导光热电效应产生温度梯度变化。

为此，Tan 等人利用 PZT 衬底制备了石墨烯－P3HT 极化场探测器[图 1-11(a)][166]。通过对温度－光响应测量和增益测量的分析，印证了 PZT 极化场效应的存在和 P3HT 中电子束缚态的增强[图 1-11(b)]。此外，PZT 衬底器件的有效传输距离从 64 nm 增加到 103 nm，从而确保更厚的 P3HT：PCBM 混合物活性层可以实现有效解离。最终，该器件可以实现 10^3

的增益和 180 ms 的响应速度。另外，Wang 等人展示了 FET 结构中的 MoS_2 - P(VDF-TrFE)器件，其中 MoS_2 的耗尽层厚度和带隙是栅极可调的[图 1-11(c)][53]。在完全耗尽状态下，暗电流受到极大抑制，探测器的探测范围从可见光扩展至 1550 nm 的近红外波段。[图 1-11(d)]同时，由于剩余极化通过压电和铁电等极化场材料会引起各种温度热释电效应，因此合理的结构设计将为光电探测中的多场协同增强提供机会。更重要的是，热隔离问题是实现低噪声热释电探测的关键。在类似的 MoS_2 - P(VDF-TrFE)结构中，Wang 等人采用聚酰亚胺基板进行热隔离实现了低噪声长波探测，如图 1-11(e)所示[51]，并基于热释电、铁电和光电导协同机理，成功地在室温下将器件的探测波段扩展至10 mm，如图 1-11(f)所示。

相比之下，Lv 等人通过横向二极管结构中的局部图案化极化场对 MoS_2 进行了掺杂可控制，制作出了同质 P-N 结，这显示了用于切换不同光电晶体管情况的电调可重构特性[167]。在 P-N 结二极管模式中，同质器件通过内建电场实现了 12% 的解离效率[图 1-11(g)][167]。MoS_2 - P(VDF-TrFE)双极器件实现了 20 μs 的响应时间，同时可以保持高达 10^3 的增益和 12 A/W 的响应度[图 1-11(h)]。

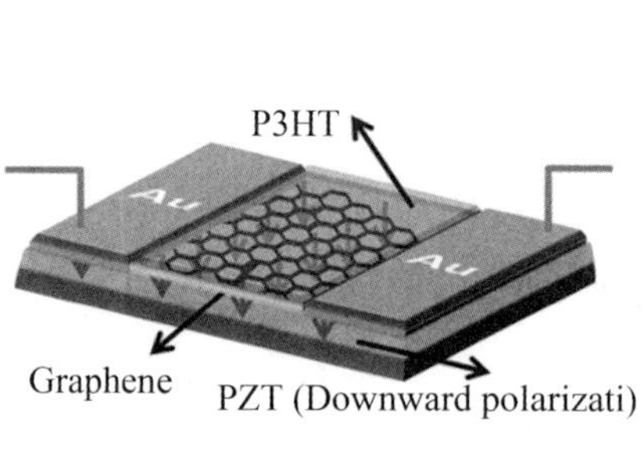

(a)石墨烯 - P3HT - PZT 光电晶体管的三维框架结构[166]

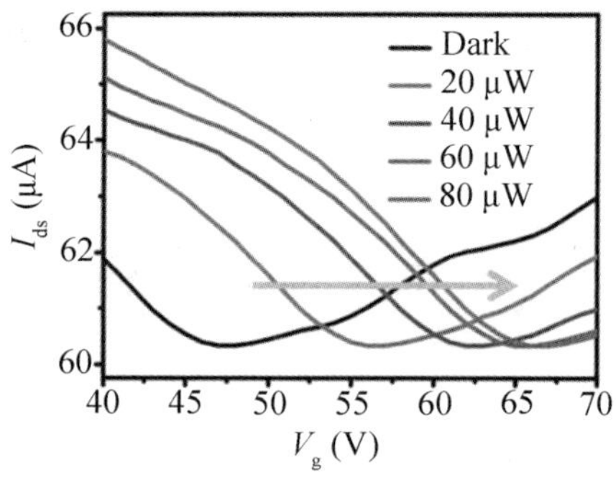

(b)不同功率光下的转移曲线[166]

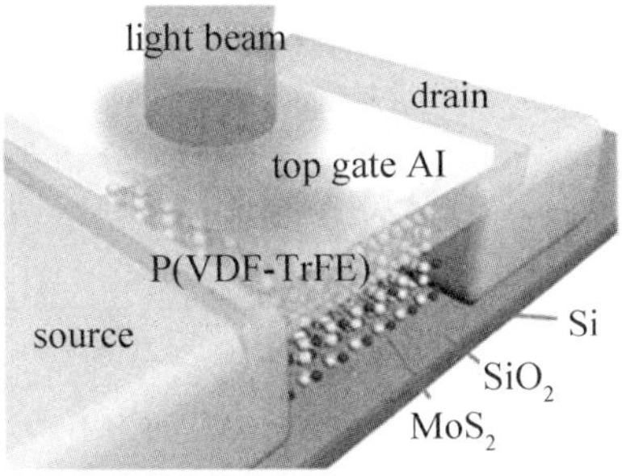

(c) MoS_2 - P(VDF-TrFE)的三维结构示意图[53]

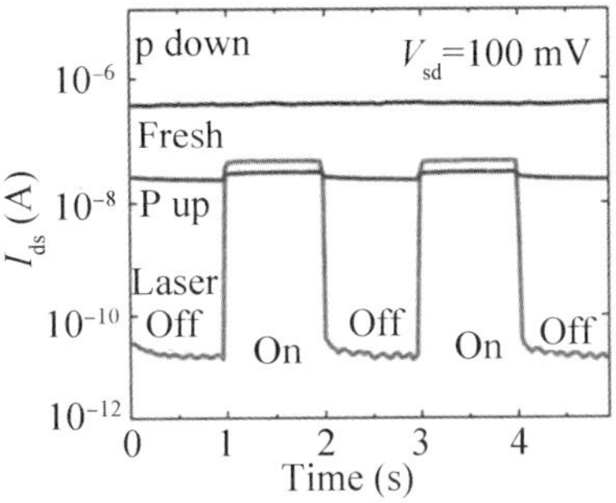

(d)不同工作模式下的光电流响应[53]

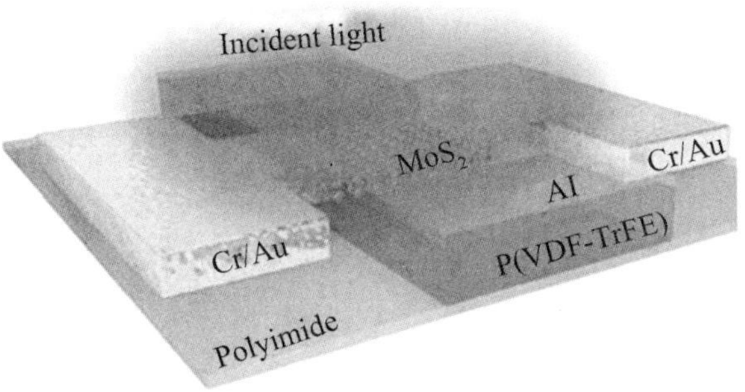

(e) MoS_2 - P(VDF-TrFE)在衬底热隔离条件的示意图[51]

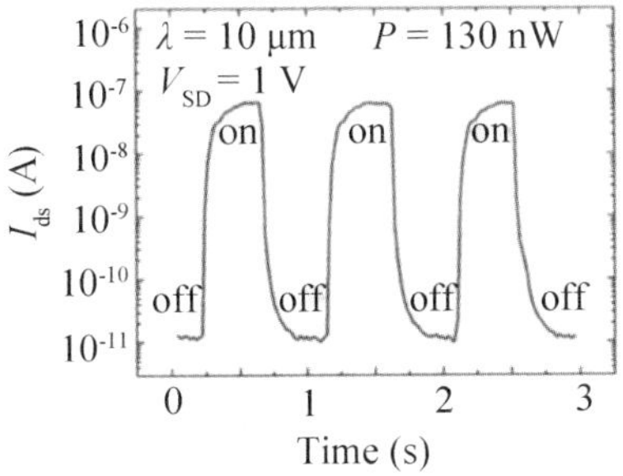

(f) 3 个开关循环光响应[51]

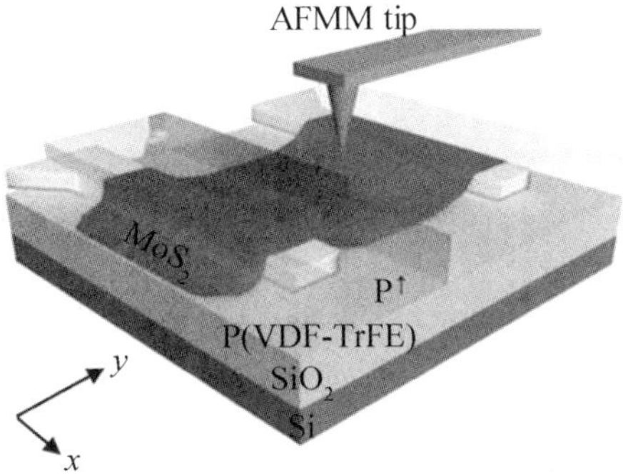

(g)极化调控的 MoS_2 - P(VDF-TrFE)结构示意图[167]

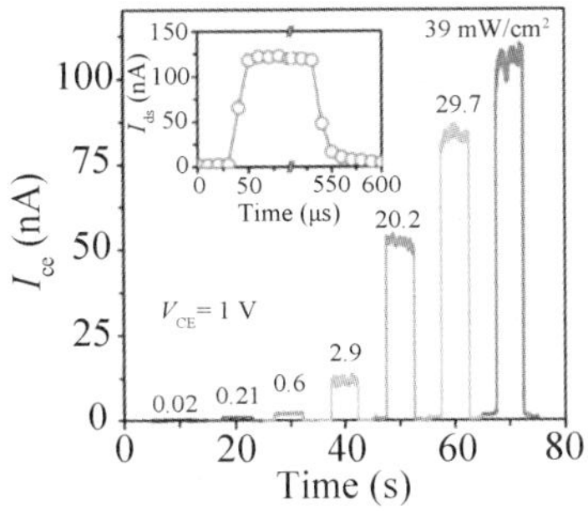

(h)作为输入功率密度函数的响应度[167]

图 1-11　二维 - 有机电荷转移异质结与极化场结合的光电探测器

二维 - 有机探测器件性能总结见表 1-1 所列。

表 1-1　二维 - 有机探测器件性能总结

结构	响应度 /A·W^{-1}	响应速度 /ms	探测光谱 /nm	增益 /EQE(%)	参考文献
MoS_2 - Dye R6G	1.17	5.1×10^{-3}	405～980	280	99
Graphene - C_8-BTBT	10^4	25	355	1.89×10^8	45
Graphene - PTCDA - Pentacene	10^5	0.03	400～700	9	39
Graphene - PTCDA - C_8-BTBT	5.76×10^5	470	400～700	1.38×10^9	137
Graphene - PTAA - Perovskite	10^5	310	350～800	NA	140
Graphene - ZnPc：C_{60} - ZnPc	204	0.004	635	3.9×10^4	138
Graphene - TTF：CA	10^5	8	600～2200	6×10^6	48

1.4 选题依据及主要研究工作

综上所述，与其他二维材料相比，超高迁移率特性、低态密度、提供了 π-π 堆叠界面和面积大等优势使得石墨烯基探测器具有高速、灵敏、良好界面和阵列集成潜力。因此，本书以石墨烯 - 有机作为主要探究课题。

本书采用的二维材料石墨烯拥有高迁移率和双极可调的良好载流子收集特性，其有着零带隙引起的宽波段吸收但吸收率较低，这使得单层石墨烯的响应被限制在 mA/W 量级。另外，石墨烯的半金属特性还导致以石墨烯作为沟道的器件的暗电流较高，因此石墨烯需要与其他材料如有机材料进行复合。但是，传统的单电荷转移石墨烯 - 有机异质结器件由于内建电场较弱，难以解离具有高激子结合能的 Frenkel 激子，因此需要将高迁移率石墨烯与有机平面异质结或者体异质结进行结合，进一步提高此类型器件的性能。另外，石墨烯为有机物提供了 π-π 堆叠界面和有序分子取向的衬底，这保证了石墨烯 - 有机材料良好的界面，进而有望设计出高性能、多功能的光电探测器件。

因此，本书设计并制备了多个具有新结构、高性能、多功能的石墨烯－有机光电导垂直探测器件，主要包含：石墨烯－C_{60}－Pentacene异质结、石墨烯－C_{60}－$SnNcCl_2$异质结、石墨烯－ZnO－IEICO-4F：PTB7异质结、石墨烯－HAT-CN－Bi_2O_2Se异质结和Si－P3HT：F4TCNQ－石墨烯异质结等。本书利用各类结构表征手段，通过对各类结构的参数进行优化，深入阐述多层石墨烯有机器件的载流子输运和载流子收集情况。另外，横向的小分子平面异质结、聚合物－小分子的体异质结、有机无机平面异质结与石墨烯的不同结构反映了不同异质结的光生载流子转移过程，有机电荷转移复合物P3HT：F4TCNQ器件展示出了红外长波探测的巨大潜力与新的载流子传输模式。更重要的是，本书还利用器件已有的光电特性拓展了其在光调制、光记忆、机器视觉、光通信的实际应用，这些应用将在未来更广阔的光电子应用中发挥作用。

本书将基于以上内容和图1-12的框架进行如下几个方面的探讨。

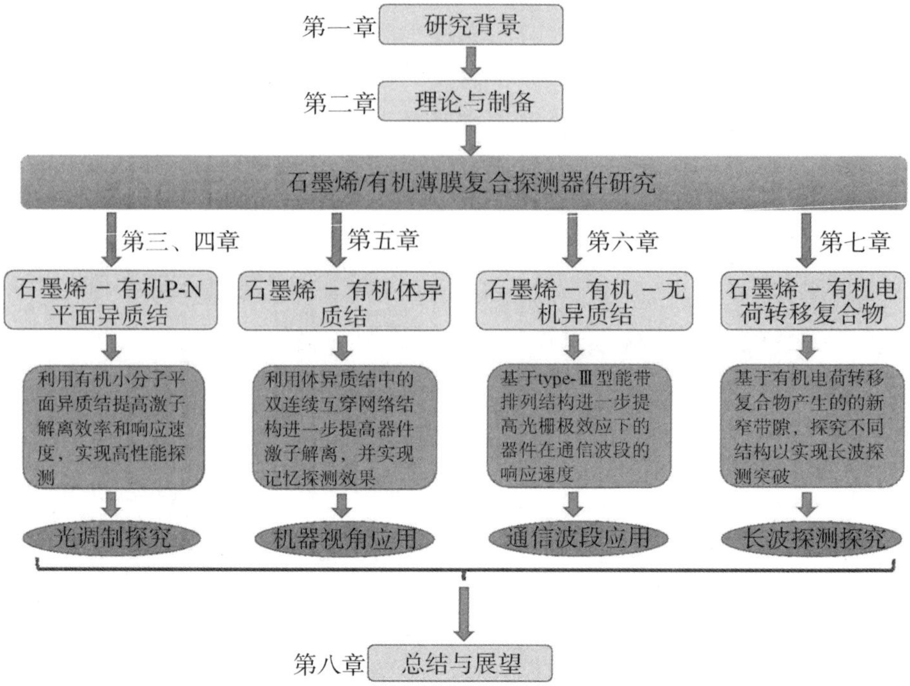

图 1-12　石墨烯－有机薄膜复合光电探测器件探究框架

第一章绪论。系统地综述了近年来的石墨烯等二维材料与各类型有机物的结合，对单电荷转移异质结、双电荷转移异质结、电荷转移复合物异质结、电荷转移与局域场结合的异质结的特点进行了详细分析。

第二章为样品制备流程与性能参数表征的介绍，详细地介绍了石墨烯的转移、有机小分子和有机聚合物的制备及表征方法。另外，本章对探测器的主要性能参数如响应度、比探测率、开关比、增益、线性动态范围和主要探测机理都作了详细的介绍。最后，本章对器件的测试平台和方法进行了简要描述。

第三章主要介绍对石墨烯－平面有机小分子异质结器件石墨烯－C_{60}－Pentacene 光电探测器的探究和双向光电流响应的机理。本章通过替换不同的光吸收材料 CuPc、$SnNcCl_2$，对双向光电流响应的正负转换点进行调整，通过电学调控等进一步探究双向响应的特点，深入研究了石墨烯－双层平面异质结的载流子传输过程和双向响应的根源。

第四章基于上述石墨烯 - C_{60} - Pentacene 的光电探测器，充分利用已有的正负响应进行光的相互调制。一束光作为光输入信号；另外一束光作为光调制信号，可以进行信号的幅度调制和响应速度的调制。在中间层较厚的对照组器件中，可以通过光调制实现光电流信号的正负调制。这些实验更加完整地揭示了多层石墨烯 - 有机器件的载流子输运机理。

第五章利用高效二元有机电池活性层体异质结材料作为吸光主体，引入电子传输层 ZnO 作为电子萃取功能层构建石墨烯 - ZnO - IEICO-4F : PTB7 异质结光电探测器。此类型的探测器具有栅极可调的记忆或者非记忆模式，可以利用栅极调节实现神经形态的模拟和机器视觉的应用。

第六章在石墨烯 - 有机异质结结构的基础上引入其他的无机材料 Bi_2O_2Se，主要讨论了石墨烯 - HAT-CN - Bi_2O_2Se 异质结探测器。本章展现了 type-Ⅲ型异质结与石墨烯结合的光电响应效果，适当缓解了光电导器件的束缚态，从而提高了响应速度，另外还在通信波段进行了通信演示。

第七章主要利用有机电荷转移复合物材料 P3HT : F4TCNQ 作为光的主要吸收载体，对制备工艺和吸收光谱进行了深入研究，并探究制备了两类石墨烯 - 有机电荷转移复合物异质结探测器。其中，将石墨烯作为顶部电极，利用光热电与光伏效应，可以将器件的探测波长拓宽至 10.5 mm，并且由于不同的光电流机制，红外长波与短波响应呈现出正负变化。

第八章为总结与展望，对石墨烯 - 有机探测器件的现有性能和亟须解决的问题进行了讨论，并对未来的应用前景等进行了全面总结。

第二章

样品制备流程与性能参数表征

本书中所使用的石墨烯和有机材料包括有机小分子、有机聚合物和部分无机材料。分子的结构和状态不同，制备流程也不同。本章将会简要从器件制备、材料表征、探测测试表征等方面，完整地介绍探测器件从加工到测试的整个流程，并且重点介绍了探测器件的一些主要性能参数和基本机理。另外，本章对探测测试平台的搭建也将作简要介绍。

2.1 样品制备流程

2.1.1 石墨烯的溶液法转移过程

实验使用的是在铜膜基底上通过化学气相沉积(chemical vapor deposition, CVD)生长的 10 cm^2的石墨烯，并且在其上表面涂敷了一层聚甲基丙烯酸甲酯[poly(methyl methacrylate), PMMA]以稳定地保护石墨烯。接着，配置刻蚀液对石墨烯下方的铜膜基底进行刻蚀，刻蚀液的组成为 100 mL 去离子水、4 mL 的过氧化氢溶液、2 mL 的稀盐酸溶液。随后，将准备好的铜膜基底上生长好的 CVD 石墨烯剪切成需要的大小，用镊子依次将铜膜基底朝下放入刻蚀液中[图 2-1(a)]，静置 4 ～5 小时，直到铜膜基底完全消失[图 2-1(b)]。最后，准备一批干净的 SiO_2-Si 重掺杂衬底片，全部衬底均通过玻璃清洗剂清洗，再经历 15 分钟丙酮超声(两次)、15 分钟酒精超声(两次)，以保证衬底表面干净。

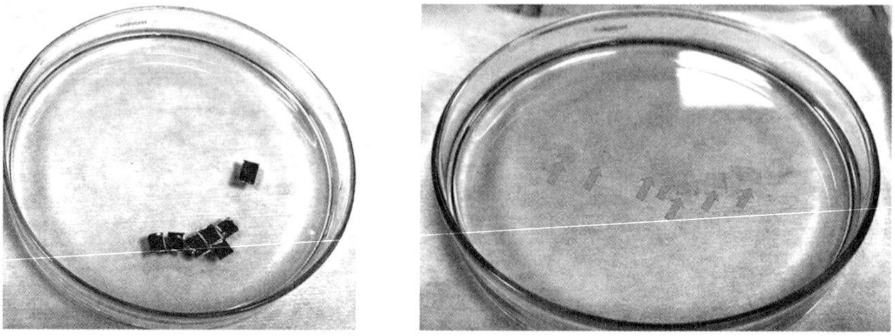

(a) 在配好的刻蚀液中放入铜基底石墨烯

(b) 等待铜基底被刻蚀液完全刻蚀，留下石墨烯 - PMMA 膜

图 2-1　CVD 铜基底石墨烯制备过程

准备两个玻璃培养皿并倒入适量的去离子水，一个培养皿作为稀释刻蚀液杂质以减弱转移后过量刻蚀液杂质对石墨烯进行表面掺杂，第二个培养皿作为溶液法转移的媒介。先用一个干净的 SiO_2 - Si 衬底片捞起刻蚀液中已经刻蚀掉铜膜的石墨烯 - PMMA 膜，并将其放入第一个培养皿中清洗。随后，再将其转移到第二个培养皿中，并且使用胶头滴管对石墨烯刻蚀过程中产生的气泡进行处理，消除全部气泡。最后，用 SiO_2 - Si 目标衬底片捞起石墨烯并且使用异丙醇对其进行表面平整处理，然后将其倾斜并自然风干。待其完全风干之后，用 120 ℃ 加热台加热目标衬底片保证其表面 PMMA 发生交联反应。最后，将目标衬底片快速放入丙酮溶液中去掉石墨烯表面 PMMA，然后将其放入酒精中去掉多余丙酮，完成石墨烯溶液法转移过程。

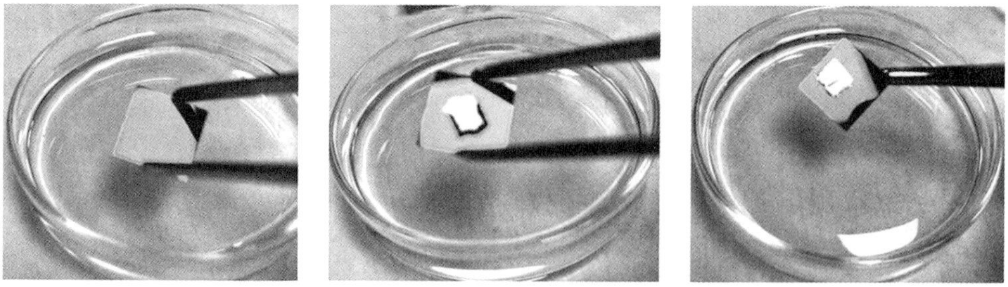

(a) 准备好的 SiO_2 - Si 衬底片

(b) 石墨烯刚转移到衬底片上

(c) 通过异丙醇减少褶皱

(d)自然风干之后

(e)完全去掉上表面 PMMA 之后

图 2-2　石墨烯溶液法转移过程图

2.1.2 有机小分子的制备过程

实验使用的有机小分子如 C_{60}、Pentacene、CuPc、$SnNcCl_2$、HAT-CN 等，通常使用热蒸发的方式进行制备。本实验使用的是沈阳科诚公司生产的四源 ZD-400 型蒸镀仪[图 2-3(a)]，其带有高精度薄膜厚度检测仪(SQC-310)。下面介绍蒸镀的部分操作步骤。

放入材料和目标样片之后，开启机械泵，待真空计示数到达 1 Pa 左右时，关闭粗真空阀，保持机械泵状态。开启分子泵，待其速率达到 400 Hz 时开启高真空阀门，等待半小时直到真空计示数降到 10^{-5} Pa 时，准备开始蒸镀有机小分子。开启对应的蒸镀电源对材料和目标样片进行预热，梯度加热至所需温度后，打开有机源挡板，保持蒸镀速率平稳，打开目标样片挡板，并清零薄膜厚度检测仪示数，开始记录厚度信息。在蒸镀过程中，可以通过调整有机源的工作电流适当调整速率，一般是根据界面和衬底情况，先快后慢或者先慢后快，以保证有机薄膜的良好界面和表面平整度。蒸镀完成后，依次关闭分子泵、机械泵，待二者全部停止，打开充气阀门，最后打开仓门取出样片。

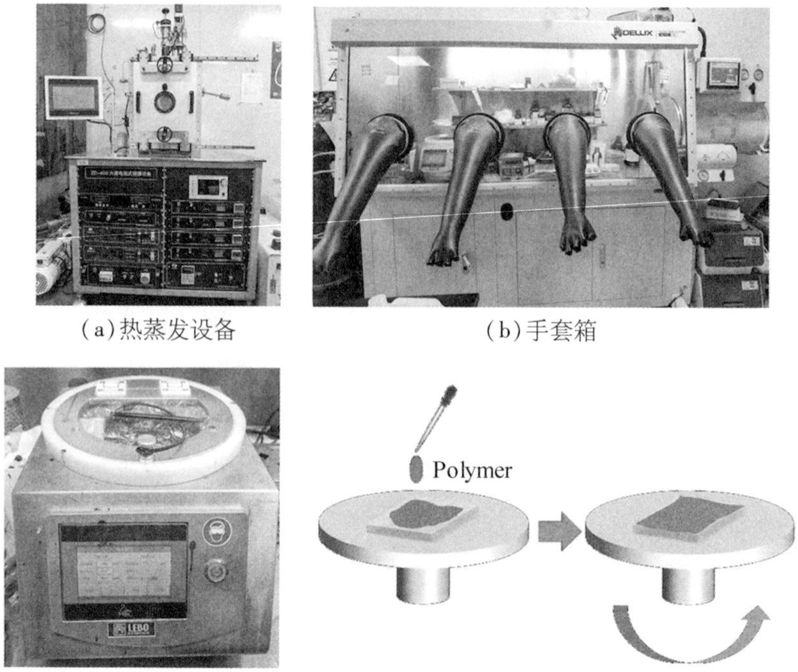

(a)热蒸发设备　(b)手套箱

(c)旋涂仪　(d)旋涂示意图

图 2-3　有机材料制备

2.1.3 有机聚合物的制备过程

有机聚合物大分子材料如 P3HT、PTB7 等，通常使用溶液法进行制备。材料从配置到溶解均在低氧、低湿度的手套箱中进行[图 2-3(b)]。本实验使用 LEBO 公司生产的高速数字化旋涂仪[转速可达 12 000 r/min，如图 2-3(c)所示]进行溶液法旋涂操作，旋涂示意图如图 2-3(d)所示。对于氯苯、氯仿等挥发速度不同的溶剂，旋涂操作也不同。氯苯的旋涂操作按照常规进行，而氯仿需要在旋转的过程中进行滴涂。待旋涂完成之后，应对有机薄膜进行适当的退火处理，使溶剂获得更加充分的挥发，保证有机膜的结晶程度。另外需要注意的是，有机薄膜退火的温度不同，会使其分子排列方向也有明显不同，因此可以通过调整退火工艺控制face-on或者edge-on的分子排布比例。

2.2 材料表征技术

（1）拉曼光谱(Raman spectrum)：利用拉曼散射对材料的分子振动、转动模式、分子结构进行分析的光谱测试。拉曼光谱覆盖50～4000 cm^{-1}的光谱范围，具有高稳定性和可重复性，特别是针对二维材料，可以通过峰位的比例表征二维材料的层数、判断材料取向，也可以通过掺杂前后的峰位位移判断材料的掺杂情况，还可以通过特殊缺陷峰位的强度大小、位置、半高峰宽判断材料缺陷的相对数量。因此，拉曼光谱是材料表征的强力工具。

（2）原子力显微镜(atomic force microscope，AFM)：原子力显微镜作为最常用的形貌表征工具，使用原子级细针，利用极微弱的原子间相互作用力在体材料、二维材料等材料表面进行作用力微弱变化测试。原子力显微镜可以表征材料的表面粗糙度、台阶厚度，其拓展功能还可以直接测量异质结不同位置的对应电势，从而为异质结接触产生的能带弯曲提供辅助佐证。原子力显微镜是晶体材料生长和缺陷态探究的重要工具。

（3）扫描电子显微镜与透射电子显微镜(scanning electron microscope & transmission electron microscope，SEM&TEM)：扫描电子显微镜通过高压热电子轰击样品表面时，会使热电子与样品表面发生弹性与非弹性碰撞。从样品中反射出的二次电子、背散射电子信号被仪器收集，可以实现对样品表面形貌的表征。测试样品之前需要保证样品清洁和表面具有导电性。透射电子显微镜以电子束为光源，可以观察分辨率高至原子尺度的样品情况，配合聚焦离子束刻蚀等技术可以测试样品的横截面情况。

（4）傅里叶变换红外光谱仪(Fourier transform infrared spectroscopy，FTIR)：傅里叶变换红外光谱仪可对不同波数位置的光谱数据进行采集，基于傅里叶变换，将原始数据转换为光谱信息，在小波数间隔下测量不同波数吸收强度方面有着明显优势。傅里叶变换红外光谱仪可以切换不同的探测器单元，如硅探测器(覆盖可见光波段到近红外波段)、铟镓砷探测器(覆盖近红外波段到中红外波段)、碲镉汞探测器(覆盖中红外波段到远红外波段)。各个不同探测器在各自中心工作波段的效果最佳，因此研究人员可根据样片的测试需求对探测器进行调整。傅里叶变换红外光谱仪是红外结构设计的强力辅助仪器。

2.3 探测器的主要性能参数介绍

光电探测器在环境监测、军事、通信等方面具有重要意义。为了准确评估光电探测器的实际性能，下面列举几个重要的探测参数，以便对各种光电探测器进行清晰的比较。

光电探测主要由三个过程组成：光捕获、载流子分离和电荷载流子传输。光电探测器可以将光信号转换为电信号。为了区分转换的多样性，外量子效率(external quantum efficiency，EQE)可以表示光子-电子转换效率，并由式(2-1)计算：

$$\mathrm{EQE}\times \mathrm{G}=\frac{I_{\mathrm{ph}}}{q\varphi}=\frac{h\nu I_{\mathrm{ph}}}{qP} \tag{2-1}$$

式中，G代表器件增益；I_{ph}代表光电流；q是基本电子电荷；φ是光子通量；$h\nu$是入射光子的能量；P是入射光的功率。

为了进一步了解探测器的光响应能力，一个更直接的品质因数称为响应度(Responsivity，R)，由式(2-2)计算：

$$R=\frac{I_{\mathrm{ph}}}{P} \tag{2-2}$$

式中，R的单位是A/W。

光电探测器的另一个核心参数使我们能够区分噪声和光响应能力，称为比探测率(Specific Detectivity，D＊)，由式(2-3)计算：

$$D^{*}=\frac{\sqrt{S}}{NEP}\text{或}D^{*}=R\ (Sf)^{\frac{1}{2}}I_{n}^{-1}\text{或}D^{*}=\frac{I_{ph}}{P\sqrt{2qI_{dark}}} \tag{2-3}$$

式中，S 是有效区域；f 是探测工作频率；NEP 是噪声等效功率；I_{dark} 是暗电流；I_n 是噪声电流。

对于增益器件，可牺牲速度换取高增益。当一种光生载流子被束缚时，另外一种载流子的寿命延长并且在本征传输时间($\tau_{transit}$)中被多次循环利用产生增益，寿命通常简化为响应恢复过程的时间(τ_{life})。对于束缚态产生的导电高增益(Gain，G)器件，其增益可以由式(2-4)计算：

$$G=\tau_{life}/\tau_{transit} \tag{2-4}$$

光电探测器的另一个重要工作参数响应时间(τ)受界面载流子传输和电极收集的影响较大，其定义为从净光电流的 10%/90% 测量的上升时间和从净光电流的 90%/10% 测量的下降时间。

相比于器件的响应速度或者恢复速度，3 dB 带宽具有更加实际的工作参数，对整个器件的最大工作频率状态给出了直观参考。3 dB 带宽与响应速度或者恢复速度成反比，由式(2-5)计算：

$$f_{3\ dB}=\frac{1}{2\pi\tau} \tag{2-5}$$

光电转化的线性拟合常数(β)可以衡量电流与输入光功率的对应关系情况，其变化范围在 0～1 之间，当接近于 1 时，说明输入光功率与读出电流呈现一一对应关系并且没有实际量级压缩，对后端实际成像和应用提供了参考。另外，在光电导器件中，β 值的幅度变化还侧面反映出器件束缚态的束缚能力。可由式(2-6)进行拟合计算(适用于非饱和区)：

$$I_{ph}=\frac{\alpha C_{\mathrm{i}}\mu V_{\mathrm{ds}}}{L^{2}}P^{\beta} \tag{2-6}$$

式中，α 为正比系数；C_i为沟道电容常数，μ 为迁移率；V_{ds}为沟道两端的电压；L 为沟道的长度。

线性动态范围(linear dynamic range，LDR)与上述线性拟合常数(β)密切相关，β 越接近 1，功率捕获范围越宽，LDR 越大。LDR 直接反映了成像过程中器件的细节分辨(功率分辨)能力，LDR 越小，器件在成像过程中的细节分辨(功率分辨)能力越差，其参数由式(2-7)计算获得

$$LDR=20\log\frac{I_{\mathrm{upper}}}{I_{\mathrm{lower}}} \tag{2-7}$$

式中，I_{upper}指的是非饱和区内最大输入光功率对应的器件电流；I_{lower}代表非饱和区内可探测到的最小输入光功率对应的器件电流。

开关比(Ratio)反映器件的整流能力，而在探测器件中指的是器件在光照下与处于暗态时的电流比值，较为直观地反映了器件的信号噪声比，由式(2-8)计算：

$$Ratio=\frac{I_{\mathrm{on}}}{I_{\mathrm{off}}} \tag{2-8}$$

2.4 探测平台与测试方法介绍

为了获得所制备光电探测器件的性能参数，一套良好的光电测试平台是测试的基础，为此本节将简要介绍部分探测性能测试过程中所使用到的仪器。采集数据的主要仪器为 Keithley 2636B 数值源表[图 2-4(a)]，其能够采集高精度的电流变化情况。另外，实验室还购置了 PDA FS-Pro 工业级

数值源表[图 2-4(b)]，它附带有 1 − *f* 噪声模块，可以快速表征器件的噪声情况。将制备完成的器件放置在带有屏蔽罩的探针台上，如图 2-4(c)所示；待探针稳定之后关闭屏蔽箱，进行各类 I-V 测试和电流 − 时间(*I*-*T*)测试。激光器由波形发生器进行控制，输出与时间相关的方波信号，继而对器件的不同波长进行光电性能参数测试。

(a) 测试源表Keithley 2636B

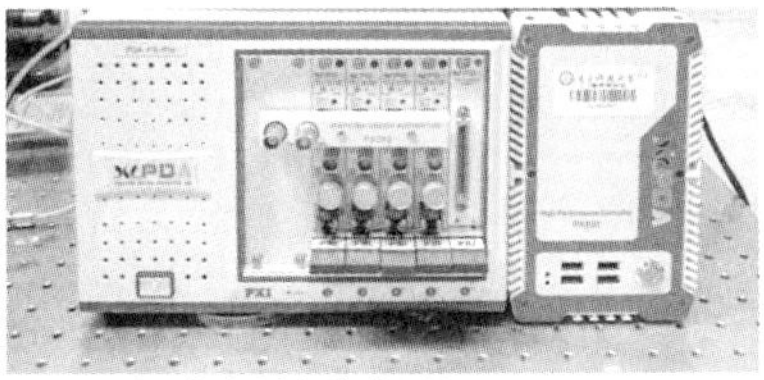

(b) 半导体分析仪PDA FS-Pro

(c) 探针台

图 2-4　探测器测试平台及设备

当测试高速响应器件时，PDA FS-Pro 半导体分析仪自带的高速测试模块的单采点间隔达 1 μs，可以满足 μs 级别的响应速度测试需求。如果超过这个速度，则需要使用高带宽示波器进行测试。光电导器件需要外加电压驱动，故需要由数值源表给定驱动电压，而光伏器件可以直接连接示波器进行测试。如果器件响应开关比或者光电流、光电压较小，则需要引入电流或者电压放大器(SR570、SR650)，使示波器可以更好地获取信号。下面以石墨烯光电导器件为例。石墨烯光电导器件的开关比较低，这使得光信号容易淹没在噪声中，因此需要利用 SR570 对电流进行适当放大。先对测试响应的工作电流进行记录，然后使用 SR570 的 offset 偏置电流对器件本身的噪声电流进行抵消操作，抵消的程度会直接影响 SR570 的最大放大倍数。

可以通过调整源漏电压使工作电流与 SR570 的偏置电流适当匹配，这样可以使得测试信号进行最优的放大。另外，要根据器件工作情况选择合适的低通滤波，以免主要信号受到影响，导致测试的响应速度慢于实际的响应速度。另外，长波红外测试由 daylight 生产的光谱可调量子级联激光器进行，覆盖波长为 3.6～13 μm。

2.5 探测器主要机理

(1)光生伏打效应(photovoltaic effect，PVE)：P-N 结或者肖特基结的内建电场作用，使光生载流子产生了光电压。由于异质结空间电荷区的作用，此类器件常用于自供能器件中而无须外加电。这类垂直型探测器的响应速度通常较快，噪声电流较低。

(2)光电导效应(photoconductive effect，PCE)：在光照下，载流子从半导体材料跃迁之后在电压作用下分离，沟道中的载流子大幅度增加。光电导效应会使半导体电阻变小、光电流增加。

(3)光栅极效应(photogating effect，PGE)：在光电导类型器件中，一种载流子在光照下被束缚(一般通过能带陷阱)，会对沟道中的电导进行类似于浮栅极的调控作用，从而产生光响应。另外，在这种束缚过程中，沟道中的多数载流子将会被多次利用，从而产生增益，使得光电流大幅度提高。这类器件的响应速度一般较慢，而响应度往往较高。

(4)光热电效应(photothermoelectric effect，PTE)：器件在光照下产生温度梯度变化时会产生此效应。一般来说，此效应的光斑面积小于沟道面积，通过非对称的塞贝克系数差异和温度差异在器件两端产生光热电效应的电压，从而产生光电流。此类响应类似光生伏打效应的自驱动响应。通常，器件通过非对称电极和同质结产生塞贝克系数差异可以获得较好的光热电效应。

(5)光辐射热效应(photobolometric effect，PBE)：光辐射热效应是器件

在光照下产生温升从而使得电阻产生变化，与光热电效应的自驱动不同，需要外加电压。光辐射热效应的响应方向与电压施加方向相关，而光热电效应在施加外部电压时无大小与方向的变化。

图 2-5 为各类型的探测响应机理示意图。

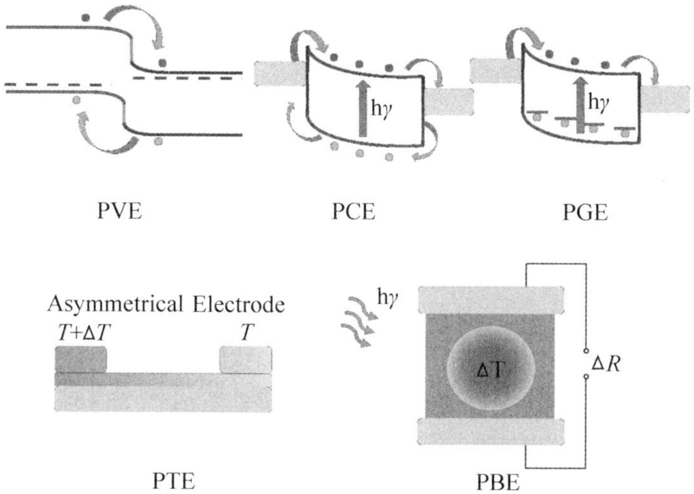

图 2-5　各类型探测响应机理示意图

2.6 本章小结

本章介绍了制备石墨烯－有机异质结探测器所用到的石墨烯溶液转移法，制备有机小分子薄膜如 C_{60}、Pentacene、CuPc、$SnNcCl_2$、HAT-CN 的蒸镀方法，制备有机聚合物薄膜如 P3HT、PTB7 的溶液旋涂方法。另外，本章介绍了部分材料表征方式及相关仪器如拉曼光谱、原子力显微镜、扫描电子显微镜、透射电子显微镜、傅里叶变换光谱仪。同时，本章总结了探测器件的一些重要评价指标，为了获取并表征各项指标，还介绍了在实验室中获得探测性能参数的探测平台与测试方法。最后，本章介绍了几种主要的探测器机理，为设计制备高性能石墨烯－有机异质结探测器作了铺垫。

第三章

石墨烯－有机平面 P-N 结探测器件的研究

3.1 引言

由于具有宽波段的吸收范围和快速的电荷传输速度，石墨烯在光电探测和光伏器件的应用中具有巨大潜力[168-171]。由于石墨烯本身仅吸收2.3%的可见光和近红外光，因此设计具有宽波段、高响应的石墨烯基光电探测器存在挑战[172-173]。为了增强石墨烯器件的吸收和光响应，研究人员提供了一系列策略将石墨烯与半导体吸光材料结合起来[39,97,101,114,118,139,174-177]。早期的异质结器件实验研究，主要集中在使用单层半导体增强吸收，包括胶体量子点[97,174]、钙钛矿[114]、有机聚合物[101]、有机单晶[118]、半导体二维材料[178]、硅和其他传统材料[178]，但是此种结构的量子效率仍然较低。最近，研究人员通过引入P-N结双层吸收层来提高器件性能，从而有效提高量子效率。据报道，将石墨烯与钙钛矿-有机异质结或有机P-N结结合[39,139]，可以提高光响应度和量子效率。另外，受限的窄光谱范围光吸收层虽然可以产生超高的光电导增益，但牺牲了探测的响应速度并且使探测光谱范围受限[179]。此外，研究人员利用许多化学方法来合成具有适当能隙和理想光电特性的共轭聚合物或小分子(带隙通常小于1.6 eV)，但器件性能和波长探测仍然受到限制[180]。通常情况下，基于石墨烯的高增益光电探测光谱范围通常限于400～700 nm[39,45,101,113,114,139]。

3.2 石墨烯-有机平面 P-N 结光电探测器

3.2.1 石墨烯-有机平面 P-N 结光电探测器的制备与表征

首先，通过 CVD 方法在铜箔上制备单层的石墨烯，再通过溶液法将石墨烯转移到 SiO_2 - Si 的 N 型重掺杂衬底(300 nm 的 SiO_2)上。其次，使用带有图形的金属掩膜板通过热蒸发将源极和漏极沉积在单层石墨烯的表面以形成沟道通路(长为 25 mm，宽为 250 mm)。再次，在沉积 C_{60}之前，在器件上覆盖金属掩膜板以保护两端电极洁净。C_{60}的沉积速率为 0.02 nm/s，真空压力保持在 10^{-5} Pa。最后，将 10 nm 厚的 Pentacene 以 0.04 nm/s 的沉积速率气相沉积到 5 nm 的 C_{60}上，C_{60}和 Pentacene 的热蒸发温度分别为 420 ℃和 160 ℃。薄膜的厚度由蒸镀机自带的 SQC-310 石英晶体微量晶振确定，晶振在实验之前已经进行精确校准。纯度 98% 以上的 Pentacene 原料购自上海麦克林生化有限公司，纯度 99.5% 以上的 C_{60}原料购自西安宝莱特有限公司。

这种制备工艺适合制备阵列器件，制备流程如图 3-1(a)所示。C_{60} - Pentacene 薄膜在准备好的石墨烯沟道上均匀生长，其结构和形态特征如图 3-1(b)所示，较小的表面粗糙度保证了良好的界面。为了表征光电晶体管每个材料组分的沉积情况，应对每个组分进行了拉曼光谱测试。在图 3-1(c)中，单层石墨烯的 G 峰和 2D 峰分别出现在 1586 cm^{-1}和 2690 cm^{-1}。所呈现的这些峰的洛伦兹分布(半高峰宽为 34 cm^{-1})与单层石墨烯的预期一致，从而可以确保石墨烯的高质量。另外，还可以清楚地观察到 Pentacene 的特征峰(1176 cm^{-1}和 1179 cm^{-1})和 C_{60}的特征峰 $A_{g(2)}$(1464 cm^{-1})[图 3-1(c)]。沉积两层有机小分子之后，2D 峰和 G 峰的蓝移表明接触之后来自有机膜的载流子对石墨烯进行了空穴掺杂。

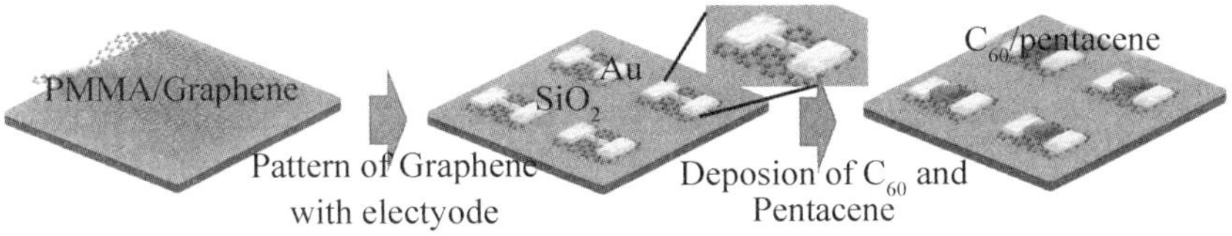

(a)示意图展示了石墨烯 – C_{60} – Pentacene 层异质结阵列光电晶体管的制备流程

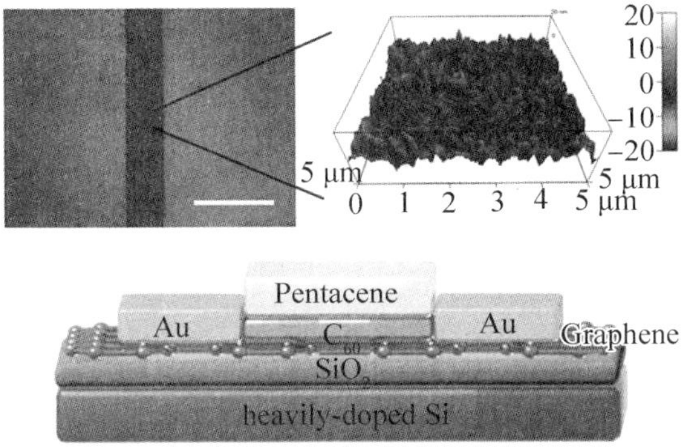

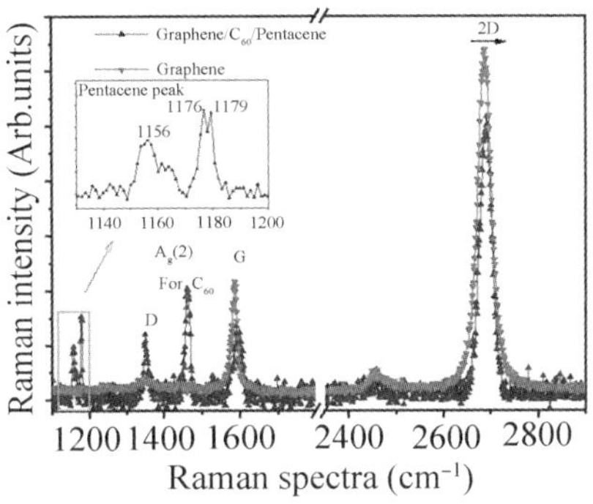

(b)石墨烯 – C_{60} – Pentacene 光电晶体管结构(比例尺 50 μm)的显微镜图像(左图)、光电晶体管单元的立体结构图(下图)和器件表面的 AFM 图像(右图)

(c)本征石墨烯(红线)和沉积 5 nm 的 C_{60} – 10 nm 的 Pentacene 薄膜(蓝线)后的拉曼光谱测试。Pentacene 的特征峰为 1176 cm^{-1}和 1179 cm^{-1}，表明其为 H 相的 Pentacene

图 3-1 石墨烯 – C_{60} – Pentacene 光电晶体管的制备工艺和拉曼特性分析

3.2.2 石墨烯 – 有机平面 P-N 结光电探测器的双向极性电流

接下来，实验测量了石墨烯 – 有机异质结光电晶体管的光响应。图 3-2(a)展示了同一器件在不同波长下的光电流贡献情况，同时保持输入电压和入射功率恒定。在 C_{60} – Pentacene 的吸收截止波长附近[截止波长约为 700 nm，如图 3-2(b)所示]，可以观察到光电流的极性反转。C_{60}

(Pentacene)是众所周知的电子受体(给体)小分子，其 LUMO(最低未占有分子轨道)的能级为4.3 eV(3.0 eV)[116, 181-183]，因此两种材料在接触时会形成 type-Ⅱ型异质结，并且诱导电子从 C_{60}转移到 Pentacene。在可见光(405 ～ 650 nm)的光照下，C_{60}和 Pentacene 中都会产生电子 - 空穴对[分别基于图 3-2(b)中 C_{60}和 Pentacene 的吸收光谱]，并被二者产生的内建电场有效分离。电子被沟道石墨烯收集并引起狄拉克点负向移动，显示出了 N 掺杂的状态[图 3-2(c)蓝线]，而光生空穴被 Pentacene 层束缚[图 3-2(d)]，这再次印证了负光电流表示在光照后光生电子注入原本的 P 型石墨烯[图 3-2(c)和(d)]。在这种情况下，C_{60}与 Pentacene 充当有效的光吸收层和光生载流子分离层，而石墨烯主要充当载流子收集的导电沟道。

与之前相比[39]，本器件的显著特征是 780 ～1550 nm 的近红外区域中光电流方向的变化。为了确定这种现象的成因，制备了石墨烯与单个有机薄膜(C_{60}或 Pentacene)结构的对照器件。石墨烯 - Pentacene 器件表现出只能涵盖可见光的有限光谱响应(405 ～650 nm)[图 3-3(a)]，而石墨烯 - C_{60}器件显示出宽带响应(405 ～1550 nm)[图 3-3(b)]。因此，近红外的宽带响应归因于石墨烯作为吸收层和 C_{60}作为载流子捕获层。

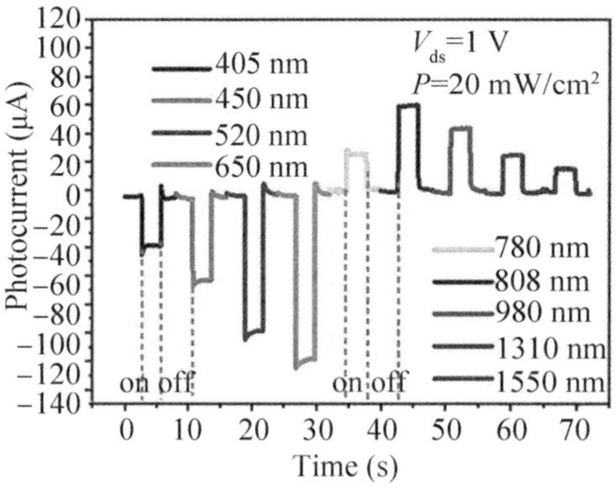

(a)在 1V 源漏偏压下，不同波长照射下的光电流

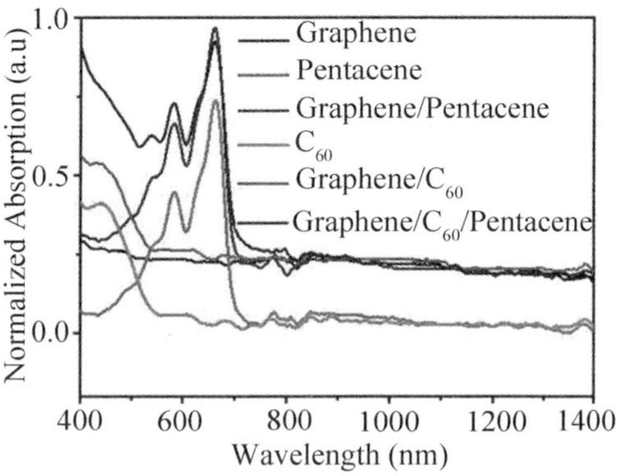

(b)各个组分的吸收光谱

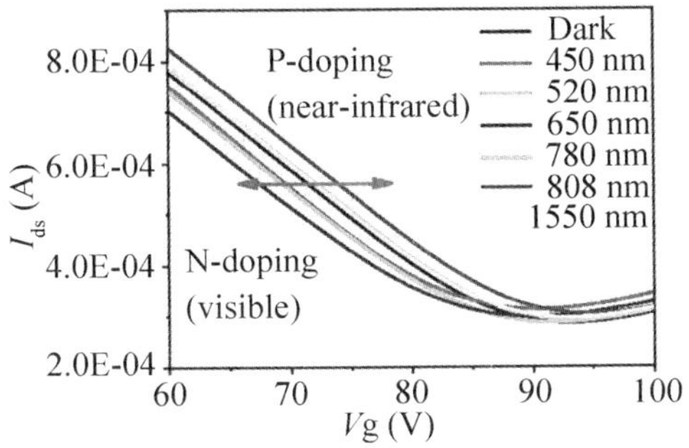

(c) 石墨烯 - C_{60} - Pentacene 光电晶体管在不同波长输入光照射下的转移特性曲线（V_{ds} = 100 mV）

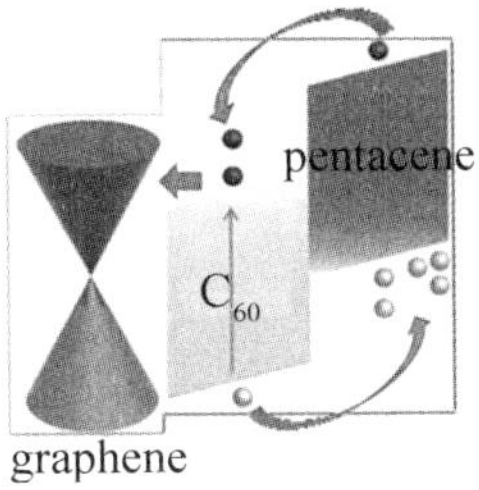

(d) 器件在 405 ～ 650 nm的可见光照射下的光生载流子转移情况

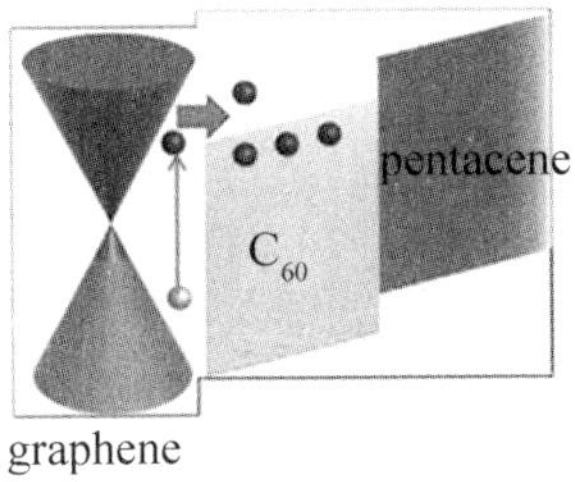

(e) 器件在 780 ～ 1550 nm 的近红外光照射下的光生载流子转移情况

图 3-2　异质结器件原理和载流子传输情况分析

C_{60}是众所周知的电子受体（由于低 LUMO 能级和电子缺陷的存在）[184]，具有 sp^2杂化轨道特点、4.3 eV 的 LUMO 和 6.9 eV 的 HOMO（最高占据分子轨道）能级，从而捕获光生电子[185]。因此，在近红外光照射下，电子 - 空穴对在石墨烯 - C_{60}中产生[图 3-2（b）中的吸收光谱可证实]，随后在石墨烯和 C_{60}界面之间形成电荷转移状态。接着，光生电子被困在 C_{60}内部，而空穴在石墨烯中传导。近红外光照射下的载流子变化和输运过程如图 3-2（e）所示。石墨烯中的空穴注入导致的 P 掺杂由器件转移特性曲线进一步证实[图 3-2（c），紫色线]。在这种掺杂水平下，根据泡利不相容原理，光子能量需要大于 0.6 eV 才能在石墨烯 - C_{60}之间的电荷转移态中产生电子 - 空穴对。实际上，器件无法在 3500 nm 光的照射下产生任何光电流响应。因此，随着石墨烯 P 掺杂态的减弱，器件的响应范围可能可以进一步扩展到中红外区域。

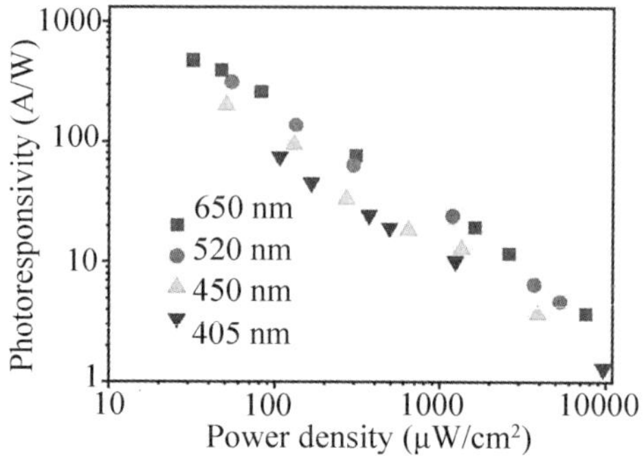

(a)石墨烯－Pentacene 光电晶体管的响应度随输入光功率的变化情况

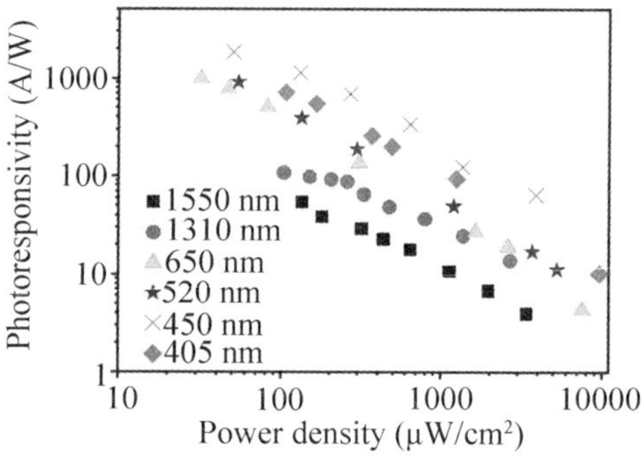

(b)石墨烯－C_{60}光电晶体管的响应度随输入光功率的变化情况

图 3-3　单层吸收层对照组异质结器件的响应度情况

3.2.3　石墨烯－有机平面 P-N 结光电探测器的机理探究

为了确认可见光和近红外区域中提到的光响应机制差异，可以对器件在不同的栅极电压下进行光响应瞬态测试[图 3-4(a)和(b)]。这种突然的栅极电压施加会影响石墨烯的费米能级并引起光电流测量的漂移。

光电流在 650 nm 光照射下的响应如图 3-4(a)所示。随着栅极电压的增加，本征负光电流经历了光电流的极性翻转。通过在 $V_g = V_0$[V_0为转移特性曲线开关光的交点，即光电流正负转换点，如图 3-2(c)所示]附近施加极性变化的栅极电压，光电流表现出明显的调制变化。当 $V_g < V_0$时，石墨烯沟道中的主要载流子以空穴为主。在外部可见光照射下，C_{60}－Pentacene 的电子注入有效地降低了石墨烯沟道中的空穴浓度并产生负光电流。当$V_g > V_0$(此时石墨烯通道中的主要载流子以电子为主)时，光生电子注入 N 型石墨烯并提高了沟道载流子浓度，产生正光电流。因此，随着 V_g的升高(石墨烯的掺杂情况变为弱 P 型或者 N 型)，器件负光电流先从高变为低，然后转变为正光电流，如图 3-4(a)所示。与可见光区相比，近红外区(980 nm)的本征正向光电流在不同的栅极电压下仍保持正向光电流[图 3-4(b)]。当 $V_g < V_0$时，内建电场(位于石墨烯和 C_{60}之间)随着 V_g的增加而减小，这降低了电子反向进入 C_{60}的概率，使得光电流变小。当 $V_g > V_0$时，随着 V_g的增加，光产生的自由电子从石墨烯到 C_{60} 的转移过程变得更加容易，因此光电流会变高并且保持正向。

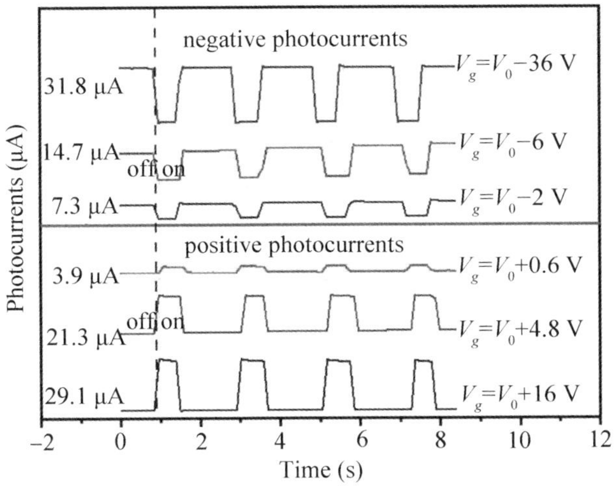

(a)在 650 nm 光照射下，不同栅极电压下的瞬态电流开关测试(功率密度为 2.43 mW/cm^2，V_{ds} =1 V)

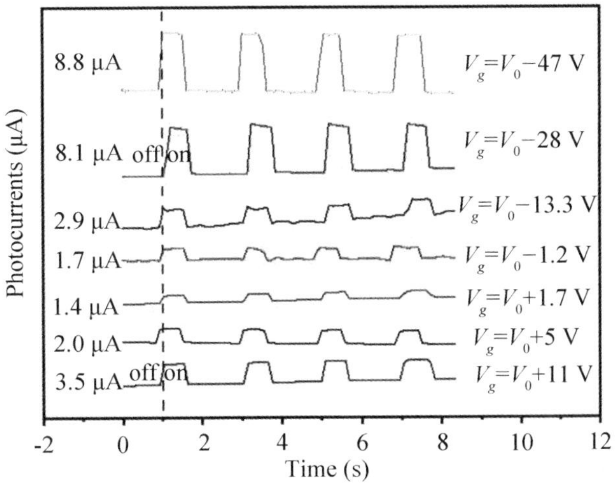

(b)不同栅极电压下 980 nm 光响应的时间相关开关测试(功率密度为 3.72 mW/cm^2，V_{ds} =1 V)

图 3-4　栅极调控下的光电流极性探究

为了保证实验的完整性和理论的正确性，同时制备了具有相同膜厚的对照组光电晶体管石墨烯 - C_{60} - CuPc。C_{60} - CuPc 异质结是光伏器件中使

用的另外一种给体 - 受体系统[186-188]，并且对照组由于其类似的 type-Ⅱ型异质结情况与石墨烯 - C_{60} - Pentacene 具有相同的工作机制。图 3-5(a)展示了石墨烯 - C_{60} - CuPc 光电晶体管在不同波长下的光电流，从图中可以明显看到405 ～808 nm 区域的本征负光电流和 850 ～1550 nm 区域的正光电流。因此，光电流极性翻转点扩展到超过 800 nm，这与 C_{60} - CuPc 的吸收截止波长 810 nm[图 3-5(b)]一致。因此，可以得出结论，正负光电流转换点主要归因于上层有机吸收层的光谱范围。

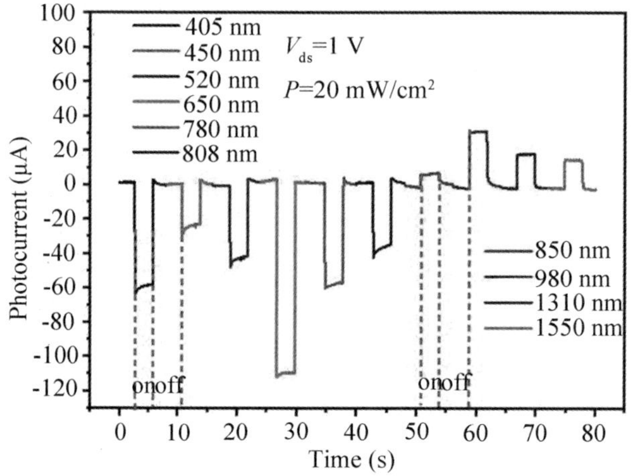

(a)功率密度为 20 mW/cm^{2}的不同波长照射下、偏压为 1 V 情况下的光电流

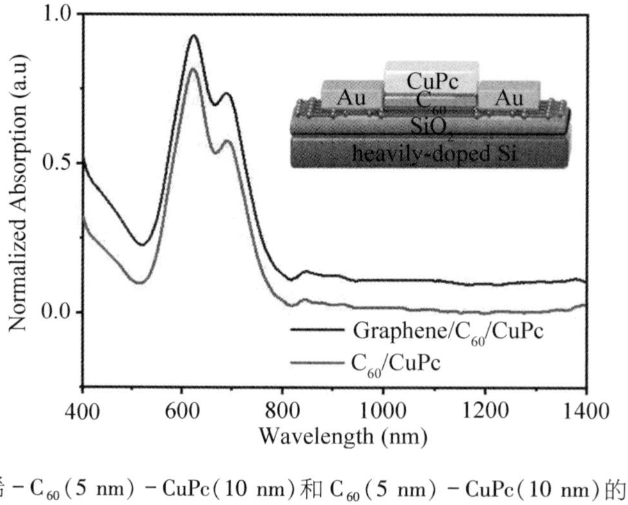

(b)石墨烯 - C_{60}(5 nm) - CuPc(10 nm)和 C_{60}(5 nm) - CuPc(10 nm)的吸收光谱

图 3-5　对照组器件石墨烯 - C_{60} - CuPc 的正负光电流极性翻转点探究

3.2.4 石墨烯–有机平面P-N结光电探测器的性能参数测试

为了进一步研究双向响应特性器件的探测性能，应对其进行详细的光响应度测量。石墨烯–有机异质结光电晶体管显示出其具有与偏置电压线性相关的光电流特性[图3-6(a)]，这与光电导器件的响应特征相符。与具有单一吸光材料的对照组器件相比[石墨烯–Pentacene实现了476 A/W的响应度，探测光谱覆盖405～650 nm，如图3-3(a)所示]，石墨烯–C_{60}–Pentacene光电晶体管的响应度提高了近20倍，可以在接近10 $\mu W/cm^2$的输入光功率下实现9197 A/W的响应度[图3-6(b)和(c)]。此外，由于C_{60}与石墨烯之间的强耦合关系，石墨烯–C_{60}中产生的光载流子也有助于提高其近红外光响应，可以使石墨烯–C_{60}在780～1550 nm的范围内保持高响应率。器件在808 nm处的最大响应度为1.8×10^3 A/W，与报道的基于石墨烯或基于C_{60}的近红外光电探测器的响应度相当[95, 189-191]。此外，石墨烯–C_{60}器件表现出了相对较好的性能，其探测范围扩展到近红外范围，并且与石墨烯–C_{60}–Pentacene在近红外范围内的响应情况类似[石墨烯–C_{60}–Pentacene器件在1310 nm波段的响应度为144 A/W，在1550 nm波段的响应度为37 A/W，如图3-5(b)、图3-6(a)和(b)所示]。因此，本光电晶体管打破了吸收层的光谱限制，实现了宽带探测。

图3-6(c)展现了随着光照射功率变化的响应度变化趋势，其关系可以根据式(2-6)很好地拟合，表明响应度随光照射功率的减小而增加($b=0.28$，$\lambda=650$ nm，$V_g=0$ V)。然而，在近红外区域的正响应度随输入光功率的减小而上升缓慢($b=0.56$，$\lambda=1310$ nm，$V_g=0$ V)。双向光响应器件表现出的不同的束缚态由线性指数拟合值侧面反映，双层异质结更好的一一对应性凸显出其束缚态比C_{60}的束缚态更有效。

在无栅极施加的条件下，利用不同激发功率密度的光(650 nm和980 nm)可以进一步测量双向响应的时间分辨开关情况[图3-6(d)]，从而证明了器件有着弱光探测能力和可稳定工作的光电流响应。

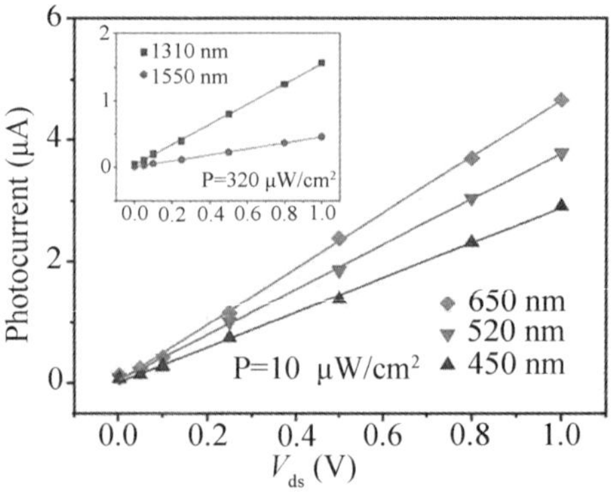

(a)不同源漏偏压下，器件在 450 nm、520 nm、650 nm、1310 nm 和 1550 nm 波长下的光电流变化

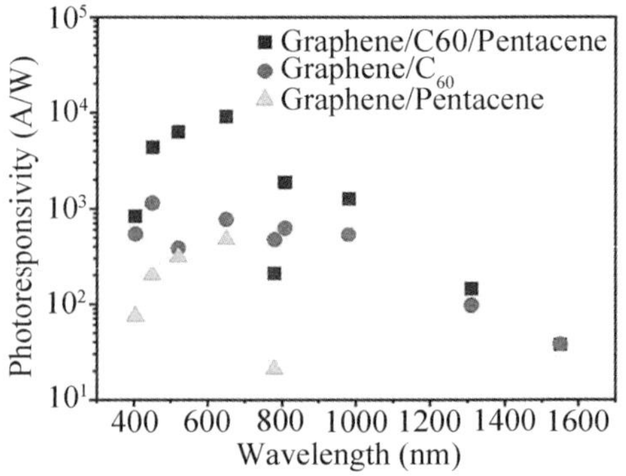

(b)石墨烯－C_{60}－Pentacene 光电晶体管的光响应度随光谱变化的情况(在这里正负响应的响应度均取绝对值为正)

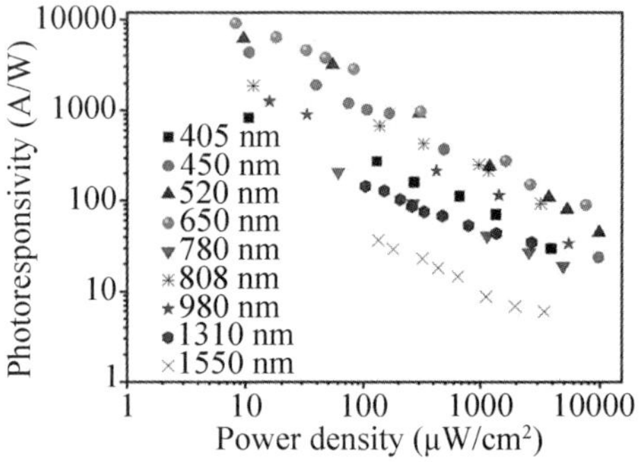

(c)石墨烯－C_{60}－Pentacene 光电晶体管的响应度随着输入光功率变化的趋势

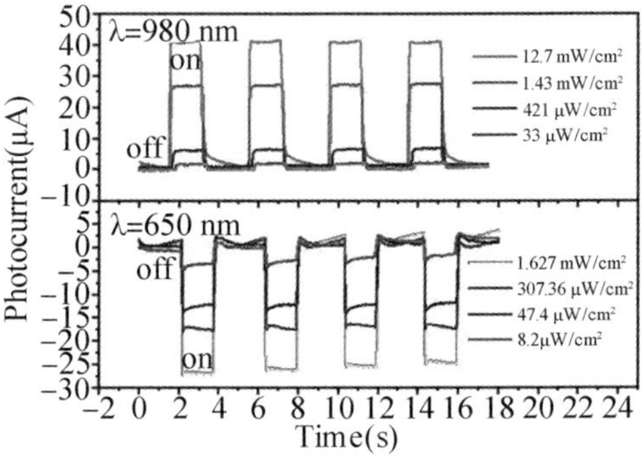

(d)在没有 V_g 的情况下，1 V 偏压下的不同光强度下的光电流变化

图 3-6　石墨烯－C_{60}－Pentacene 光电晶体管的宽带光响应性能表征

在石墨烯异质结光电晶体管中，高增益通常与较长的载流子复合时间和较慢的速度相关。为了表征器件载流子的复合时间和响应时间，图 3-7(a)为示波器测量的光响应时间分辨图(采样间隔为 25 μs)，石墨烯－有机光电晶体管的响应时间和恢复时间分别为 275 μs 和 675 μs。C_{60}－Pentacene 界面提供的有效解离效果主要决定了较快的响应速度。与响应时间相比，束缚时间决定的载流子寿命延长时间相对较长。光电导增益可以根据式(2-4)进行计算，载流子寿命可以从图 3-7(a)中的恢复时间获得。对于此光电晶体管的可见光和近红外响应来说，最大的增益分别可以达到 1.5×10^5 和 5.2×10^5。

此外，EQE是另外一个能反映器件载流子传输效率的参数。器件在650 nm处的EQE为11.5%，如图3-7(b)所示。在制备的所有器件中，其他波段平均最高的EQE分别为：在520 nm波段下为9.86%、450 nm波段下为8.04%、405 nm波段下为1.70%。与正光响应相比，相对高的EQE出现在负光响应处，再次反映了贡献负响应有效内建电场的优势。器件在近红外区域(正光响应)中表现出了相对较低的EQE：在780 nm波段下为0.063%、在808 nm波段下为0.548%、在980 nm波段下为0.305%。弱内建电场的两种对照器件(石墨烯－C_{60}和石墨烯－Pentacene)表现出了更低的EQE。对照组石墨烯－C_{60}器件无增益的EQE在650 nm波段下为0.0595%，而对照组石墨烯－Pentacene器件的EQE在650 nm波段下为0.0113%，这更加反映了有效内建电场的重要性，如图3-7(b)所示。此外，由于有限的内建电场宽度，EQE和响应度不随Pentacene的厚度(10 nm、20 nm、50 nm、100 nm)而大幅度变化，如图3-7(b)内的小图所示。在器件的垂直方向C_{60}－Pentacene异质结中，因为没有施加外部电压来促进光激子注入石墨烯，所以只有小于内建电场长度的Pentacene产生激子解离后的载流子(5～10 nm)才能进入石墨烯沟道。如果Pentacene的厚度超过内建电场的宽度，则对器件的EQE和响应度的影响相比10 nm的Pentacene而言，相对较小。

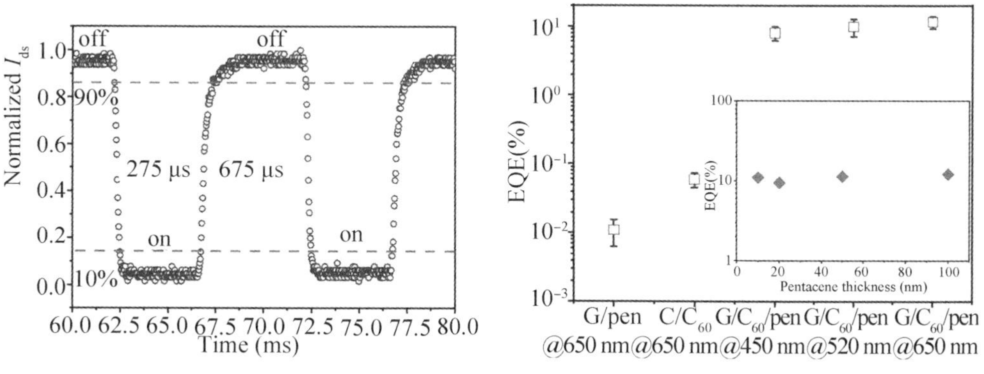

(a)石墨烯－C_{60}－Pentacene光电晶体管的响应时间(5.9 mW/cm^2，波长650 nm)

(b)无增益的EQE对照组器件统计分析，内部插图一个是Pentacene厚度依赖的EQE结果

图3-7 器件探测性能参数

与在太阳能电池中充当活性层的有机半导体异质结(膜厚接近 50 nm)相比，石墨烯光电导器件垂直方向上的 C_{60} - Pentacene 没有外加偏压，因此需要限制多层异质结器件的注入层厚度。应控制注入层(接近石墨烯的那一层)的长度小于激子扩散长度(5 ～ 10 nm)，使电子 - 空穴对在 C_{60} - Pentacene 界面解离，然后在内建的场耗尽区通过电扩散进入石墨烯。为了优化负光响应，最终选择最小激子扩散长度(5 nm)作为 C_{60}的厚度。

如图 3-8 所示，石墨烯 - 有机光电晶体管的响应度随着沟道长度的增加而降低。此外，为了实现更高的增益，降低载流子传输时间的策略之一是缩短沟道长度。一般情况下，如果注入的载流子必须在通道中漂移更长的距离，则会使载流子复合的概率上升，导致响应度和增益降低。此外，通过光刻工艺可以获得更小的通道，但是光刻使石墨烯产生的缺陷将极大地影响石墨烯 - C_{60}的界面并限制探测器响应度的提高。

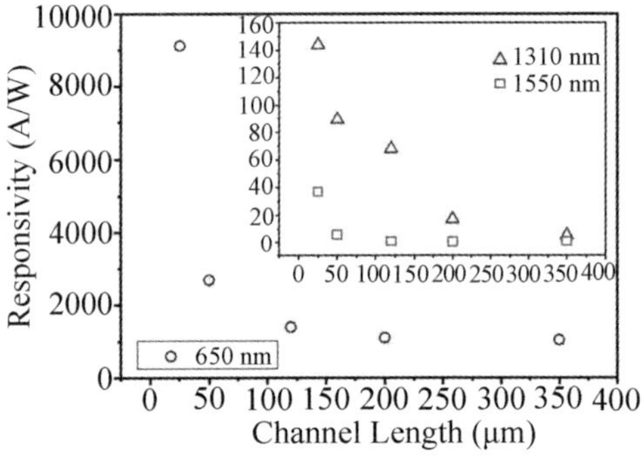

图 3-8　响应度随沟道宽度的变化情况

3.3　石墨烯 - 有机平面 P-N 结全负响应光电探测器

可以看到，上述器件在近红外波段的响应仍然较低，处于 1000 A/W 左右，这是由于 Pentacene 的吸收波长受限。因此，为了实现近红外高性能探测，需要选择吸收波长更长的有机材料作为主要光敏层。在上述实验的基础上，可以将上层感光材料替换为 $SnNcCl_2$，其结构示意图如图 3-9 所示，三层结构石墨烯 - 有机异质结器件为石墨烯 - C_{60} - $SnNcCl_2$。首先，在已经搭好电极的石墨烯场效应晶体管上依次热蒸发 C_{60}和 $SnNcCl_2$，C_{60}的沉积速率为 0.04 nm/s，真空压力保持在 10^{-5} Pa。其次，将 30 nm 厚的 $SnNcCl_2$以 0.08 nm/s 的沉积速率气相沉积到 C_{60}上。C_{60}和 $SnNcCl_2$的热蒸发温度分别为 420 ℃和 320 ℃。薄膜的厚度由蒸镀机自带的 SQC-310 石英晶体微量晶振确定，晶振在实验之前已经进行精确校准。最后，蒸镀完成之后取出样片，完成整个器件的制备。

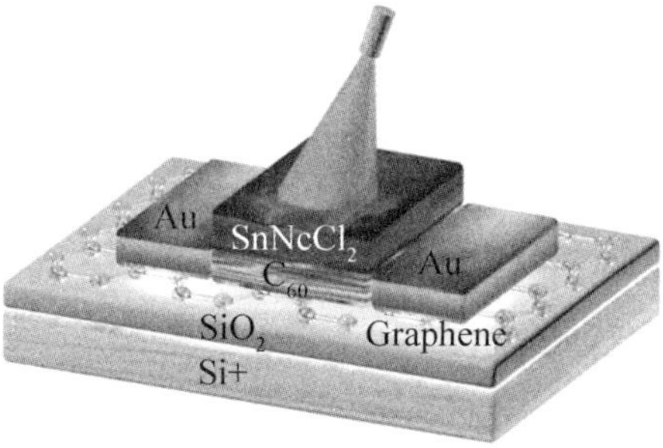

图 3-9　石墨烯 - 有机异质结全波段负响应器件三维结构示意图

三层材料和衬底的实际厚度由横截面 TEM 进行表征，如图 3-10 所示。从图中可以观察到，C_{60}与 $SnNcCl_2$的界限明显，但由于石墨烯只有一个原子层厚度，所以在图中难以直接分辨。最上层由 Pt 保护，防止测试时结构坍塌。除了横截面 TEM 等结构表征手段，材料界面之间的接触与粗糙度也决定了探测器件的传输效率和最终探测性能。所制备两层薄膜的表面均表现出了均匀致密的 AFM 形貌，如图 3-11 所示。这些材料界面表征确保了多层异质结的光生载流子传输通道的效率和探测器件的基本工作能力。

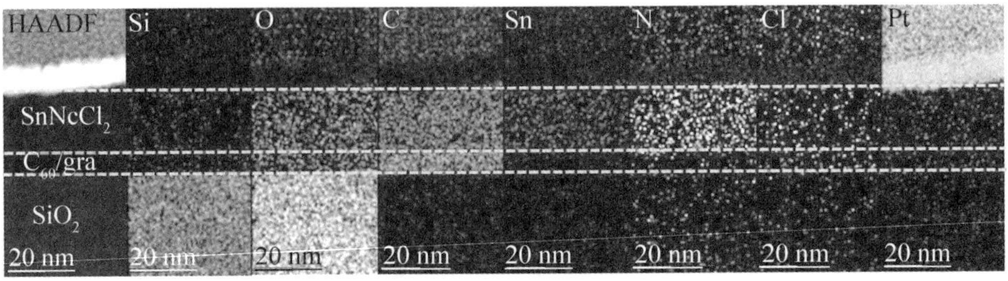

图 3-10　异质结器件横截面 TEM 和元素能谱图

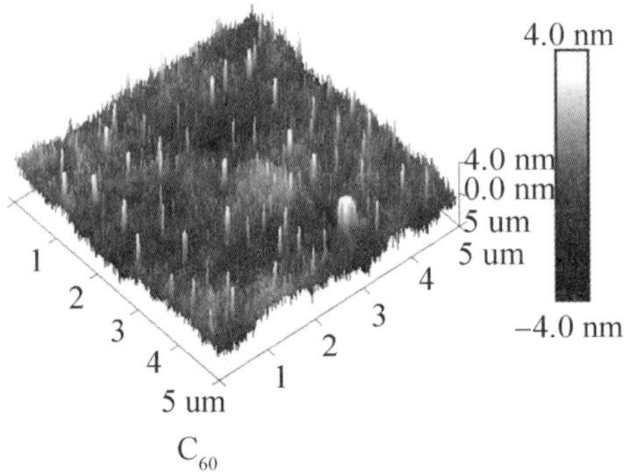

(a) C_{60} 薄膜的 AFM 表面形貌表征

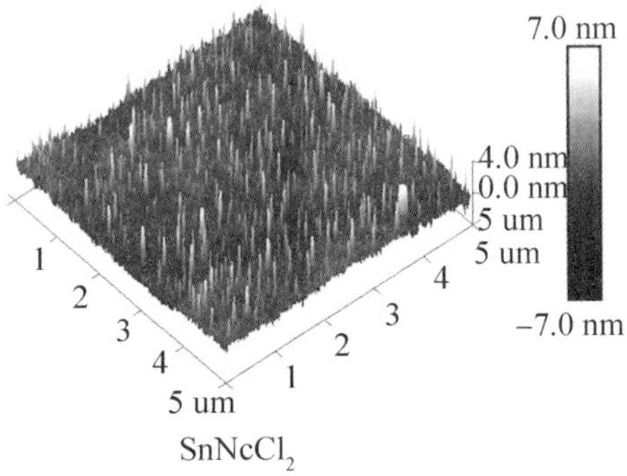

(b) $SnNcCl_2$ 薄膜的 AFM 表面形貌表征

图 3-11 异质结器件的 AFM 表征

由于 C_{60} 是典型的电子受体小分子，其 LUMO 能级为 4.5 eV、HOMO 能级为 6.2 eV；而 $SnNcCl_2$ 是典型的给体材料，其 LUMO 能级为 4.0 eV、HOMO 能级为 4.9 eV。因此，两种材料在接触时会形成 type-Ⅱ 型异质结，并且诱导电子从 C_{60} 转移到 $SnNcCl_2$。另外，$SnNcCl_2$ 的吸收范围涵盖 400 ~ 1400 nm(图 3-12)。因此，在确保良好的异质结界面和紧密接触之后，近红外波段的响应主要由 $SnNcCl_2$ 贡献。

接下来，便可以进行石墨烯 – C_{60} – $SnNcCl_2$ 异质结光电晶体管的光响应测试。如图 3-13(a)所示，控制不同波长的输入光功率不变，并且施加相同的偏压，对器件进行光电流测试。与石墨烯 – C_{60} – Pentacene 器件出现双极性光电流响应不同的是，石墨烯 - C_{60} - $SnNcCl_2$器件出现全负向响应，没有光电流极性翻转并且负响应趋势与 $SnNcCl_2$ 的吸收谱相似。与 C_{60} - Pentacene 异质结类似的是，$SnNcCl_2$也与 C_{60}接触形成了 type-Ⅱ 型异质结，并且产生的电场的方向从 C_{60}指向 $SnNcCl_2$。在可见光到近红外光的光照下，C_{60}和 $SnNcCl_2$中都会产生电子 - 空穴对，并被二者产生的内建电场有效分离。不同的是，$SnNcCl_2$是近红外波段照射下光生载流子的主要贡献者。根据能带排列情况，光生电子进入沟道，石墨烯被收集并引起狄拉克点负向移动[图 3-13(b)]，表明 N 掺杂的状态。转移特性曲线在开关状态下出现明显的向左上方的移动，暗示了光栅极效应为器件的主要原理。

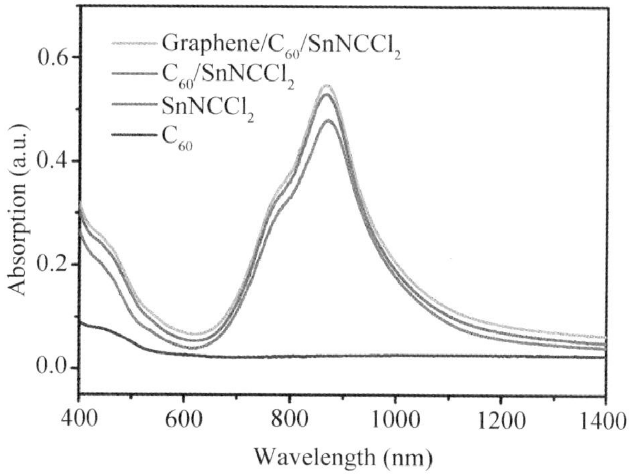

图 3-12　异质结中各个组分的吸收谱测试

在 895 nm 的近红外光照射下，器件响应如图 3-13(b)所示。光电流呈现出栅极可调的双极响应，此时令光照射下与暗态下的转移特性曲线的交点为 V_0。在图 3-13(c)中可以观察到，不同的光输入功率下，V_0 的位置几乎不变，一直在 42 V 左右。当 $V_g < V_0$(石墨烯工作在 P 型半支)时，器件的光电流在 27 V 栅极电压下可达到最大。在外部光照射下，C_{60} - $SnNcCl_2$的

电子注入有效地降低了石墨烯沟道中的空穴浓度并产生了负光电流。当 $V_g > V_0$(石墨烯工作在 N 型半支时)时，光生电子进入 N 型石墨烯沟道并会提高本征载流子浓度，最终产生正向光电流。器件的正向光电流在 53 V 栅极电压下可达到最大。总的来说，随着 V_g 的升高，石墨烯的掺杂情况变为弱 P 型或者 N 型，负光电流由高变低，然后变为正光电流，如图 3-13(c)所示。另外，还测试了在持续栅极偏置下器件的光电流开关情况，这一测试表现了器件的栅极调制能力和稳定性，如图 3-13(d)所示。

实验进一步研究了石墨烯 $-C_{60}-SnNcCl_2$ 异质结器件探测性能随输入光功率的变化情况，并进行了光响应度计算。光响应度在低输入功率时出现饱和状态[图 3-14(a)]，大部分情况下，饱和区和线性区以 100 μW/cm² 作为两个区域的分界功率。图 3-14(a)中的线性区依旧满足拟合式(2-6)，这说明器件在近红外乃至三个通信波段都有良好的线性动态范围。另外，实验在不同栅极电压下探究了输入功率对响应度线性情况的影响，如图 3-14(b)所示。结果显示，在 40 ~ 50 V 栅极电压的条件下，器件响应的线性度变差，且最大响应度受到抑制。另外，在 60 V 栅极电压下，器件工作在 N 型半支时的响应度约为工作在 P 型半支时的响应度的一半。

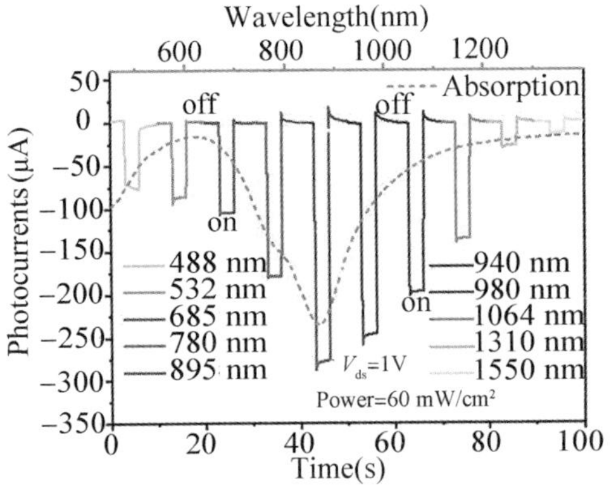

(a)不同输入波长的光电流贡献情况

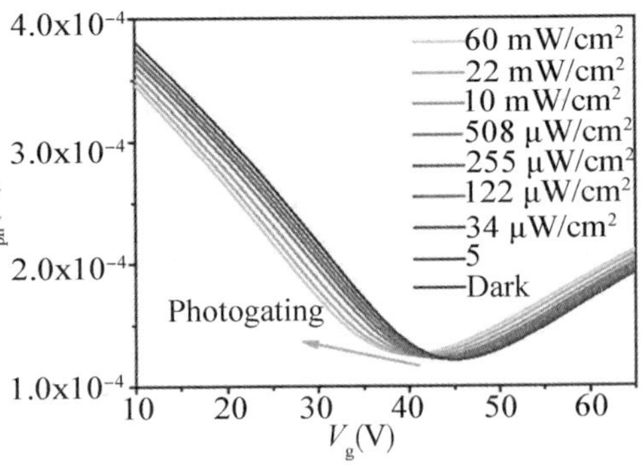

(b)器件转移开关的特性曲线

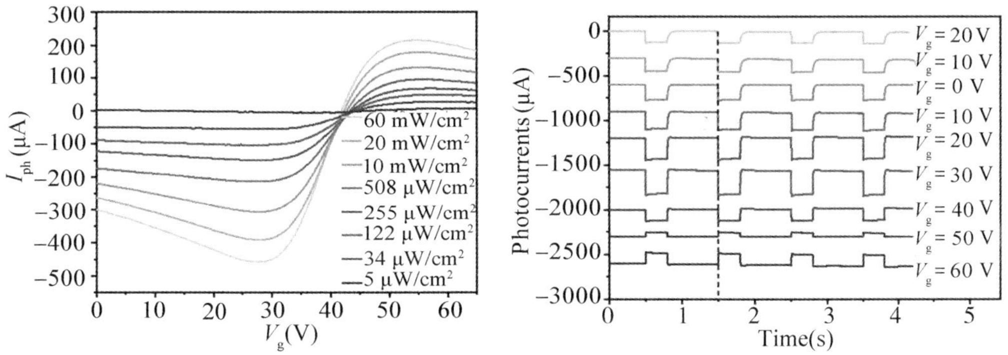

（c）器件光电流随栅极电压的变化　　（d）不同栅极电压下，时间分辨的光电流开关情况

图 3-13　石墨烯 – C_{60} – $SnNcCl_2$ 异质结的光电输运特性测试

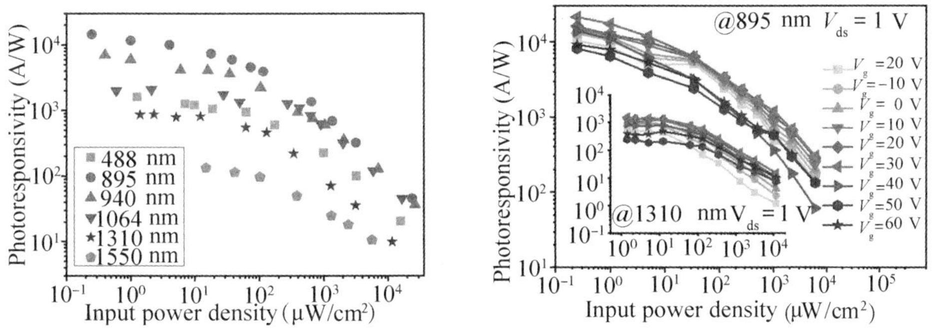

（a）不同波长下，随功率变化的响应度测试　　（b）栅极电压调控下的 895 nm 和 1310 nm 光的线性动态情况

图 3-14　石墨烯 – C_{60} – $SnNcCl_2$ 异质结探测线性情况

在石墨烯 – C_{60} – $SnNcCl_2$光电晶体管中，根据计算增益的式(2-4)，增益与较长的载流子复合时间相关，也就是与束缚态的束缚情况有关。多层器件的响应速度可以通过栅极进行调控，如图 3-15(a)所示，栅极进行调控的结果会直接影响器件载流子的输运和束缚态的强弱变化。结果显示，器件在较高的栅极电压下呈现出响应速度与恢复速度均较快的情况，在 0 V 栅极电压下的 700 μs 左右的响应时间降低到了 71 μs[图 3-15(a)和(b)]。另外，器件在 50 V 栅极电压下的恢复时间低至 24. 9 μs，这与器件在 0 V 栅

极电压下的恢复时间 31 ms 相比提升了近三个数量级。引起较快响应恢复的主要原因是栅极电压使得石墨烯处于 N 型掺杂状态，多余的电子会反向注入有机异质结中使得光生空穴快速复合。另外，活性层使用的是窄带隙有机小分子，这使得 C_{60}和 $SnNcCl_2$能带之间容易隧穿，如图 3-15(c)和(d)所示，进而让原本光生束缚在 $SnNcCl_2$的空穴被快速复合，最终使器件的响应整体变快。

此外，实验还对器件的噪声水平和信号噪声比情况进行了评估。如图 3-16(a)所示，实验测试了石墨烯 $-C_{60}-SnNcCl_2$随频率相关的噪声谱。结果显示，石墨烯沟道呈现出的半金属特性和高迁移率导致器件噪声处于较差的状态，并且随频率变化呈现闪烁的趋势。在石墨烯狄拉克点附近的噪声情况最优，这是由于本征石墨烯的电阻较大，使噪声被部分抑制，如图 3-16(a)所示。另外，根据器件在不同栅极电压下工作的最大频率，可以计算出器件在 895 nm 波长下的最大噪声等效功率(NEP)为 3.71×10^{-15} $W/Hz^{0.5}$，如图 3-16(b)所示。器件在近红外波段良好的响应和响应速度优化，使得器件最终在较高频率工作条件下实现了优化的信噪比水平。

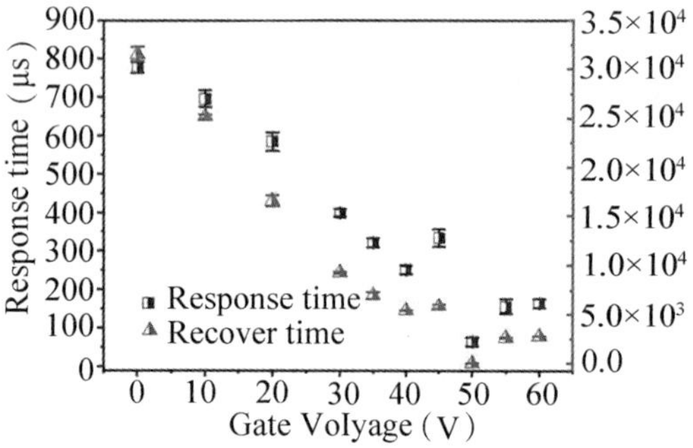

(a)响应速度与栅极电压的关系

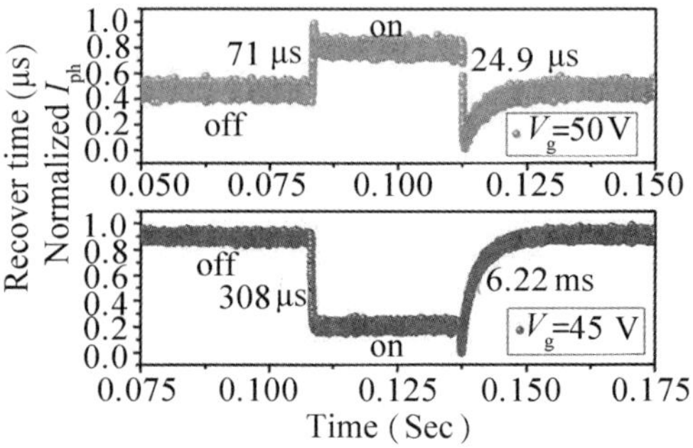

(b)时间高度分辨的响应速度

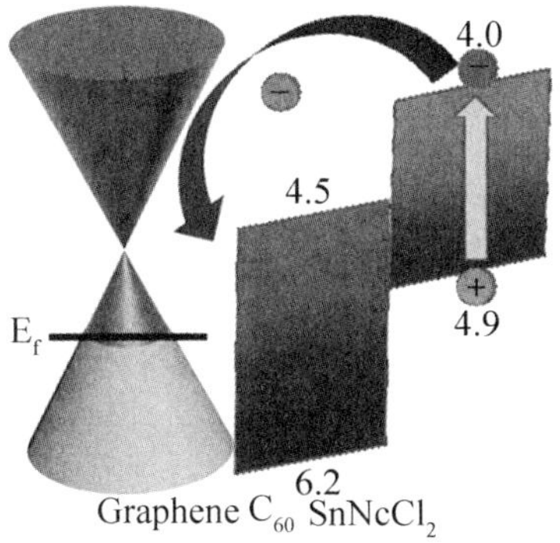

(c)栅极电压较低时的载流子传输情况

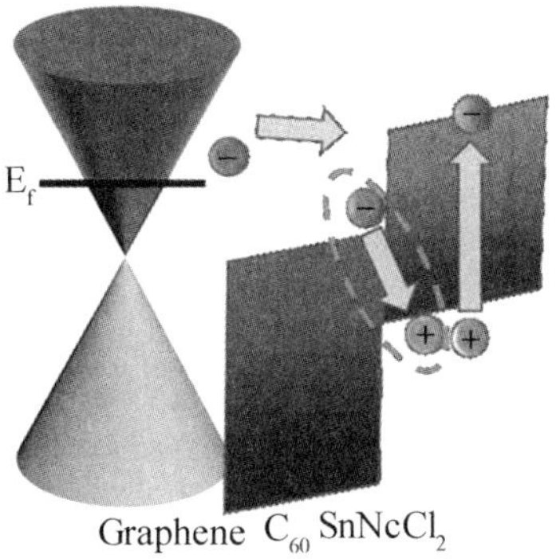

(d)栅极电压较高时的载流子传输情况

图 3-15 石墨烯 – C_{60} – $SnNcCl_2$ 异质结响应速度栅极调制情况

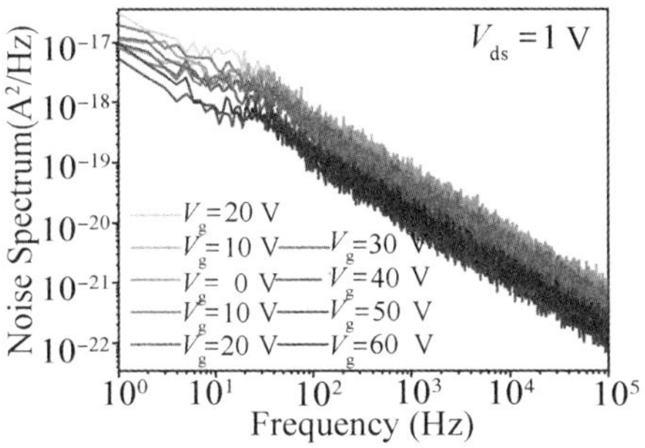

(a)器件随栅极电压变化下的噪声谱

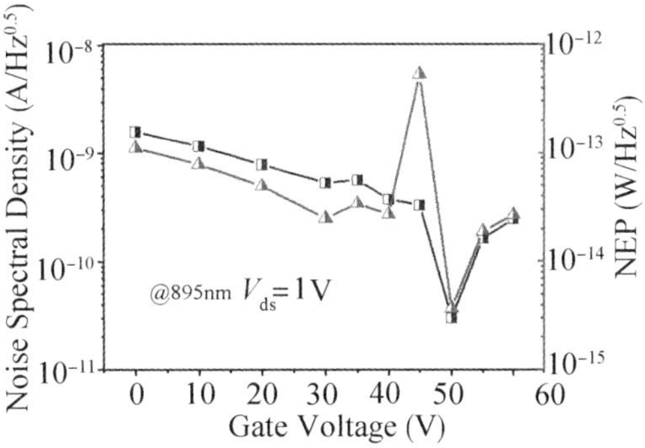

(b)器件噪声等效功率测试

图 3-16 石墨烯 – C_{60} – $SnNcCl_2$ 异质结信噪比测试

3.4 本章小结

通过石墨烯与平面有机异质结(C_{60} – Pentacene)的结合，本章展示了石墨烯 – 有机半导体异质结光电晶体管，以增强从 405 ～1550 nm 的宽光谱探测光响应。合理的器件结构和 C_{60}不可替代的作用，可以实现光生载流子双向传输，其中的石墨烯既作为传输层又作为光吸收层。光生载流子双向传输的新现象为石墨烯宽带探测提供了新的机制。光电晶体管还表现出快速响应时间(275 μs)和可见光至近红外区域的高光响应性(9127 A/W)。与同类器件相比，该器件显著提高了光谱探测范围和响应时间。随后，本章深入探究了石墨烯－C_{60}－Pentacene 光电晶体管上的双向光生载流子传输现象，还提供了一种制造快速、稳定和宽带响应光电晶体管的新方法。另外，在上层材料替换为有机窄带隙小分子材料 $SnNcCl_2$之后，器件实现了高性能近红外全负响应的光电探测，可以覆盖 1550 nm 波段，并且响应时间低至 71 μs，恢复时间最快可达 24.9 μs。可以预见，该类器件易于大规模集成和低成本的优势特性将对促进石墨烯－有机异质结光电晶体管的应用有巨大作用。

第四章

石墨烯-平面有机异质结光调制器件的研究

4.1 引言

由于石墨烯具有独特的零带隙能带结构，以及突出的光电和电荷传输特性，因此其在制造光电晶体管和光电探测器方面具有巨大的潜力，在透明器件[192-193]、硅兼容器件[194]和光调制器[195]设计中也展现了巨大的应用前景。然而，单原子层石墨烯较差的光吸收特性限制了其光电晶体管的性能，而石墨烯－半导体异质结有望打破石墨烯本身的电子－空穴占据对称性，从而产生较大的光电流以提升性能。一系列相关结构被研究人员提出，包括量子点增强结构、平面二维异质结结构、波导集成增强结构、双层增强结构和图形化纳米石墨结构。随后，研究者又用一些典型局域场结合二维、有机、钙钛矿和狄拉克材料等来实现高性能光电晶体管。诸多局域场增强的策略将光电场效应晶体管与静电场结合，以实现独特的光电器件功能，例如浮栅结构[196]、内建场增强结构[197]、光栅极电场增强结构[39]和铁电场增强结构[53]。例如，铁电场旨在抑制暗电流，而浮栅结构旨在提高光敏度。

除了上述局域场调制之外，外场调制还在许多基础物理研究中被广泛应用，如电场调控、压力场调控、热场调控。由于光场调控是一种较弱的外部场干预，因此通过光调制来调节器件光电特性的研究较少。Fang 等人提出了一种通过 450 nm 光照射调制完成之后，扩大探测器光电探测范围并抑制暗电流的方法[198]。此外，Gao 等人展示了光场调制引起的肖特基－欧姆变换，可以大幅度优化输出光信号的幅度值[199]。目前，研究领域缺乏通过光调制对光电晶体管的光电流幅度、响应速度和信号方向进行全面调制的研究。上一章中，我们实现了波长相关的正负响应，由于正负响应的机理来源差异，此现象为双光束相互调制的实现奠定了基础，可以让研究者探究更多的多层光电导载流子输运情况，有望提供一种通用的、可部分取代电调制的方式。

4.2 石墨烯-有机异质结光调制器件

4.2.1 石墨烯-有机异质结光调制器件的制备与表征

第三章已经介绍了部分石墨烯-有机异质结多层结构的制备流程，这里不再对重复部分进行介绍。本研究中基于垂直石墨烯-C_{60}-Pentacene异质结的光调制晶体管，具有典型的光电导结构，其结构示意图如图4-1(a)所示。双层异质结C_{60}-Pentacene作为主要的光吸收层，允许光生载流子注入石墨烯[单层石墨烯表征由拉曼光谱确认，如图4-1(b)所示]，最终调节沟道石墨烯中的电导产生光电流。10 nm的Pentacene特征峰出现在1165 cm^{-1}和1178 cm^{-1}，而5 nm的C_{60}的特征峰为$A_{g(2)}$峰[峰位置为1464 cm^{-1}，如图4-1(b)所示]。有效的界面接触和平整的表面形貌将确保器件的载流子传输效率。实验可以通过AFM对最上层Pentacene进行形态表征。在图4-1(c)中，上方显示出相对平坦的表面，中间层C_{60}的形貌如下方所示。C_{60}-石墨烯接触打破了本征石墨烯中的电子-空穴占据对称性并调整了石墨烯的费米能级。由于C_{60}-石墨烯接触的相互作用，可以观察到石墨烯的狄拉克点向正电压方向移动，表明空穴从C_{60}注入石墨烯[图4-1(d)]。

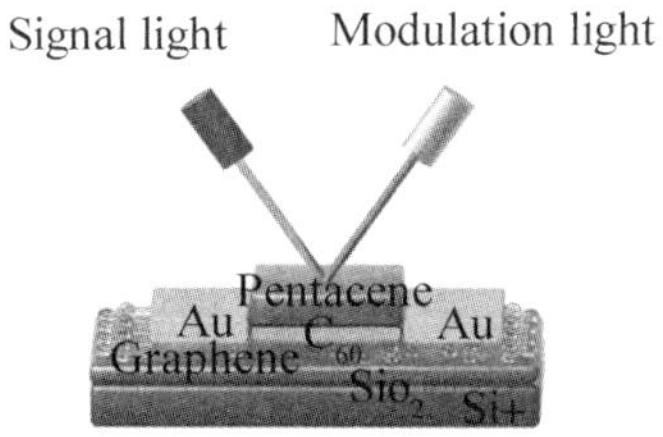

(a)光调制原理图和器件结构图

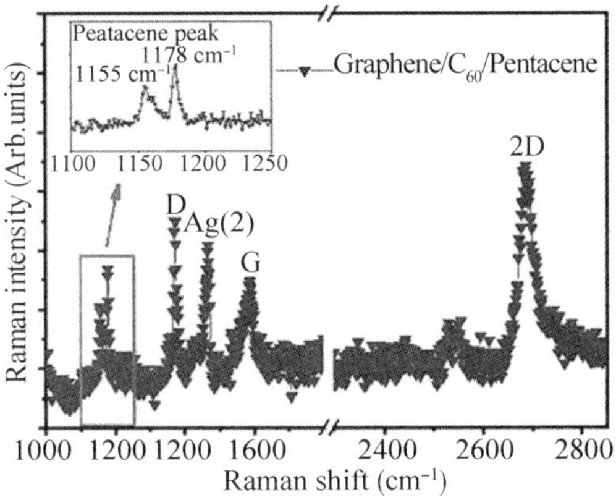

(b)石墨烯－有机异质结光电晶体管的拉曼光谱

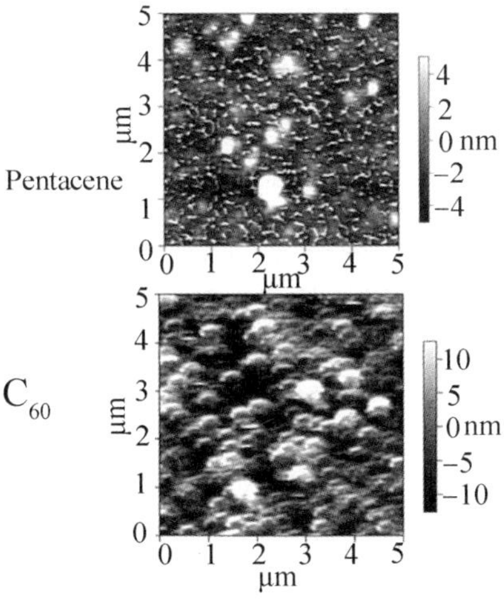

(c)分别展示了 Pentacene 和 C_{60} 的表面 AFM 图像

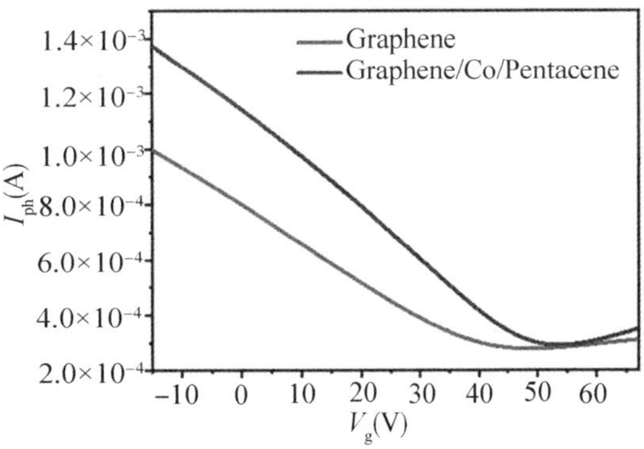

(d)C_{60}－Pentacene 沉积前后石墨烯光电晶体管的转移特性曲线(V_{ds} = 200 mV)

图 4-1　石墨烯－有机异质结光电晶体管的基本特征

由于 C_{60}－Pentacene 有限的吸收范围，截止点接近 700 nm[图 4-2(a)]。制备的光电晶体管在不同波长(405～1550 nm)照射下显示出正负方向翻转的光电流特性，同时保持相同的源漏极电压和输入光功率密度，这与第三章结果一致，如图 4-2(b)所示。负光电流源于 C_{60}－Pentacene 电子注入石墨烯，而石墨烯－C_{60}异质结决定了正响应，具体原理已经在第三章阐释。

近红外区域的正光电流和可见光区域的负光电流表明调节石墨烯沟道的光掺杂效应相反。因此，利用这种独特的光掺杂效应可以实现对多层垂直异质结内建电场的抑制或促进，并可通过它们来调制原始光信号，如图 4-1(a)和图 4-3 所示的相反的响应区域可分别作为信号光和调制光。

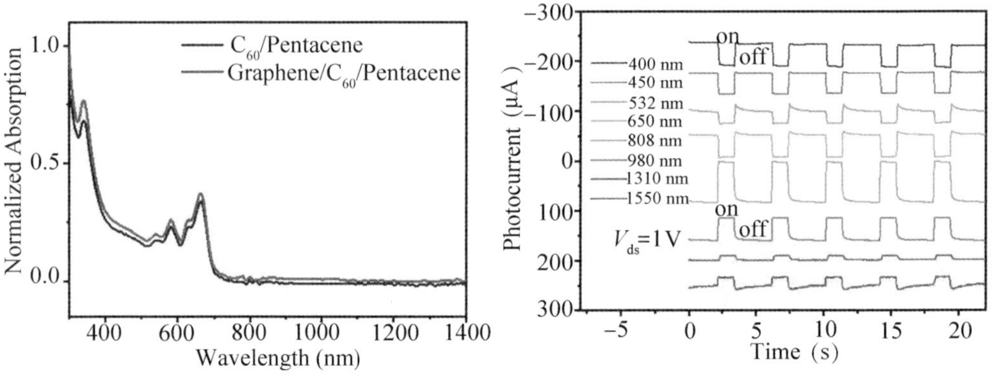

(a) 材料吸收谱　　(b) 在不同波长照射下，1 V 源漏偏置电压下的光电流特性

图 4-2　石墨烯 - 有机异质结光电晶体管的基本特征与效应

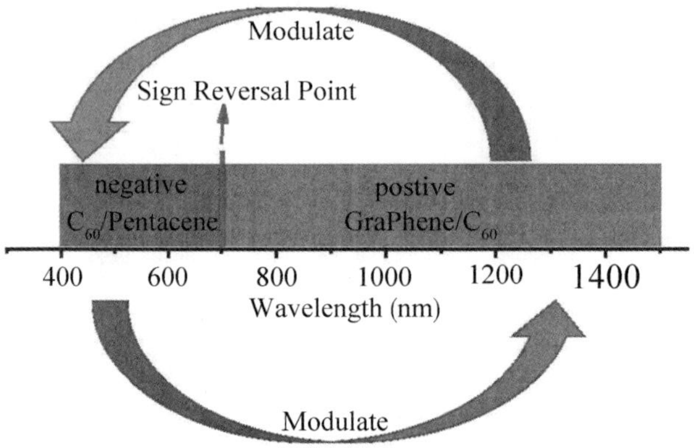

图 4-3　用于调制石墨烯器件沟道的相反光掺杂效应的示意图

4.2.2 石墨烯-有机异质结光调制下的光电流幅度值调制

与传统正响应和负响应会相互抵消的情况相反，器件的测试中出现了一些有趣的现象。实验使用近红外光开关调制脉冲的可见信号光(功率密度均为20 mW/cm^2)，如图4-4(a)所示。被光调制的输出信号光电流在红外光照射下显著提升2倍以上，并在调制光关闭后稳定恢复至原始位置。另外，信号光或调制光的不同功率会影响输出光电流的幅度趋势。图4-4(b)描绘了在各种光功率密度调制下输出光电流的变化情况。∂ 为幅度的增强因子，代替调制信号的光电流-初始光电流。在相对较低的信号光功率密度下(251.7 mW/cm^2和55.7 mW/cm^2)，∂ 随着调制光功率密度的增加而急剧下降；而在较高的信号光功率密度下，∂ 略有上升。

N型C_{60}的LUMO(HOMO)为4.5 eV(6.2 eV)，P型Pentacene的对应值为3.0 eV(4.9 eV)，因此C_{60}-Pentacene可以形成type-Ⅱ型异质结[图4-4(c)]。该异质结的能带排列情况使光生电子能够传输到石墨烯沟道中。源自石墨烯-C_{60}的可调肖特基势垒会影响能带排列情况，而底部石墨烯的费米能级与调制光功率密度密切相关，这最终会抑制或促进主要信号光产生的载流子的输运。因此，近红外调制光在石墨烯中会引起P型掺杂并直接增强C_{60}-Pentacene的内建电场[图4-4(c)]，这使得C_{60}-Pentacene中的电子(信号光产生)能够更有效地注入石墨烯中，产生更高的光电流[图4-4(a)]。适当匹配功率下的近红外光会引起石墨烯一定程度的P掺杂，并使信号光光生电子更加容易地注入石墨烯沟道中。然而，红外光的过大功率会导致石墨烯的深P掺杂，深P掺杂导致其态密度变高，会使信号光的光生电子比之前更难以引起石墨烯沟道的电导变化[信号功率为15.4 mW/cm^2，如图4-4(d)上半部分所示]。因此，相互功率匹配的调制光和信号光将实现更大的光电流信号增强[图4-4(b)和(d)]。

初始可见光响应的光电流幅度值会因近红外光调制的影响增加或者减小，因此利用此影响，在匹配的近红外光调制光功率密度为307 mW/cm^2的情况下，初始可见光信号(15.4 mW/cm^2)的光响应度可以从初始的3425 A/W提高到 7673 A/W[图 4-4(d)上部分]。在保持输入光信号(650 nm, 19.3 mW/cm^2)和调制光(808 nm, 22.1 mW/cm^2)的光功率与波长不变的情况下，实验测试了不同厚度的 C_{60} 对照器件的调制情况[图 4-4(d)下半部分]。随着 C_{60} 厚度的增加，∂ 最高可以达到 7.92，但是这也会牺牲初始的响应度。下一节将进一步解释 C_{60} 厚度变化对本光调制器件带来的影响。另外，器件的调制性能还取决于调制光响应的大小，如以 1550 nm 的光作为调制光时，器件的响应较差，增强调制的能力相对较弱(图 4-5)。

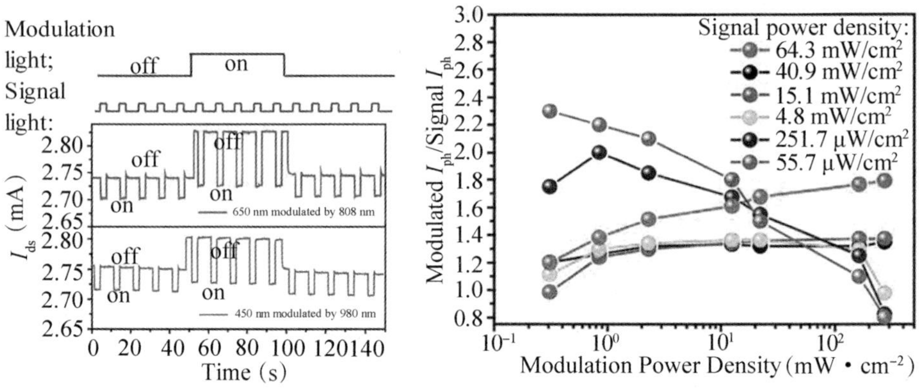

(a)在近红外光调制下对可见光响应的光电流增强

(b)调制 I_{ph} - 初始 I_{ph} 与调制光功率密度及信号光功率密度之间的关系

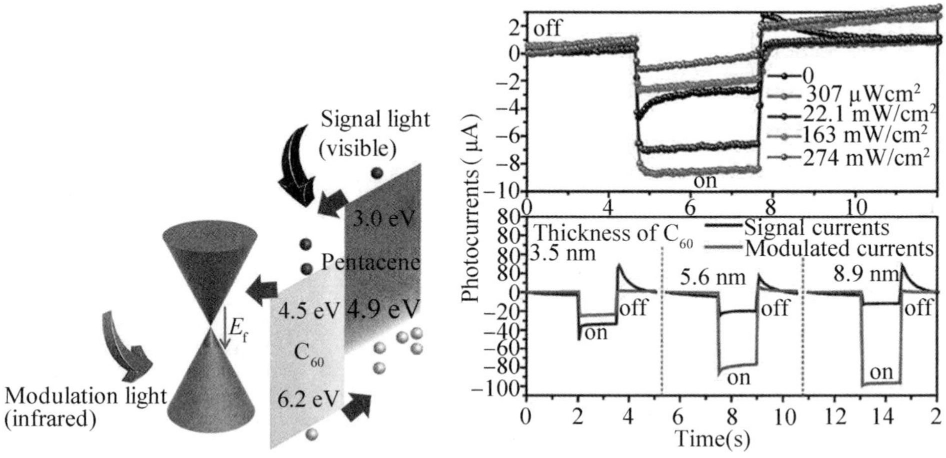

(c)在近红外光调制下的可见光载流子传输示意图

(d)不同参数影响下的光调制情况

图 4-4　近红外光调制下的可见光响应特性(5 nm 的 C_{60} 器件)

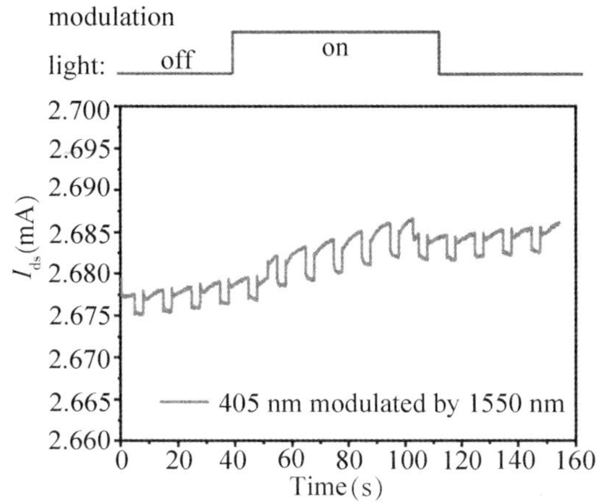

图 4-5 红外光(1550 nm)调制下的可见光响应特性

4.2.3 石墨烯–有机异质结光调制下的光电流极性方向调制

为了深入阐明并探究上述光调制机理，实验将重点转向石墨烯–C_{60}–Pentacene 中的厚度相关实验，并寻找实现光电流极性方向调制的方法。实验制备了一个具有 11 nm 的 C_{60}中间层的对照器件，旨在迫使光生电子在一定距离内部分耗尽(有效激子长度通常为 5～10 nm)。与之前 5 nm 厚的 C_{60}器件只能实现同向光电流幅度值的调制不同(图 4-4)，中间层较厚的器件在 650 nm 作为信号光被 808 nm 或 980 nm 近红外光调制时，表现出明显的光电流极性翻转，如图 4-6(a)所示。当中间传输层的厚度超过或接近有效的内置电场长度时，整个系统可以分为两部分[图 4-6(b)]：石墨烯–C_{60}-1 和 C_{60}-2–Pentacene。C_{60}-2–Pentacene 将贡献 400～700 nm 光照射下产生的响应，并促使电子向石墨烯–C_{60}-1 移动[如图 4-6(c)中的箭头所示]。另外一侧，由于在石墨烯–C_{60}-1 界面形成的电荷转移态在近红外区域响应，适当能量的光生电子可以转移到 C_{60}的浅层杂质中并被束缚在其中。在可见光照射下，来自 C_{60}的光生空穴会进入石墨烯。因此，近红外和可见光照射都会在石墨烯–C_{60}-1 上产生正响应。界面处产生正光电流，表明电子的传输方向从石墨烯指向 C_{60}，如图 4-6(c)中的箭头所示。

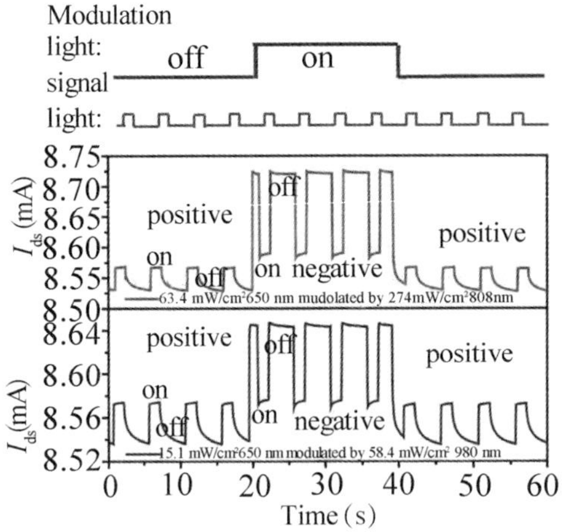

(a)器件的符号反转调制

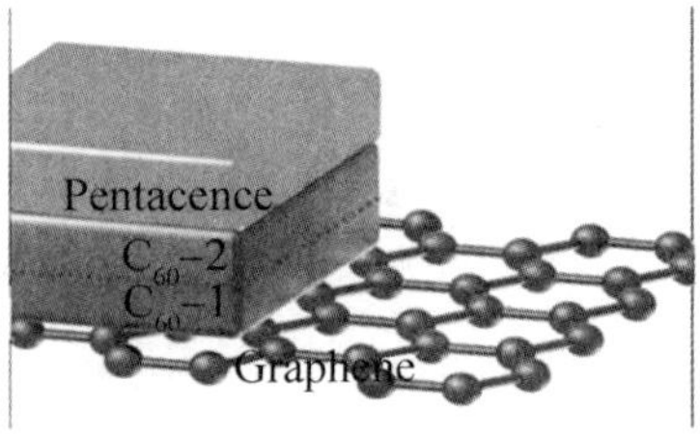

(b)较厚的中间传输层的结构示意图

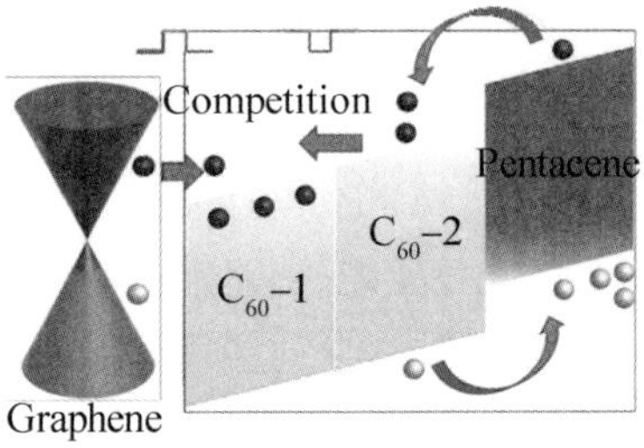

(c)两种系统[石墨烯 - C_{60}-1(正响应)和 C_{60}-2 - Pentacene(负响应)]之间竞争的光生载流子传输示意图

图 4-6　较厚的 C_{60}(11 nm)对照组器件的光响应特性和光电流反向调制

因此，如果可见光照射石墨烯 - C_{60} - Pentacene 异质结，那么由于石墨烯 - C_{60}-1 和 C_{60}-2 - Pentacene 的传输方向相反，二者将产生响应竞争。特别在厚 C_{60} 器件中，C_{60}-2 - Pentacene 在可见光下产生的光生电子难以转移到石墨烯中，导致在近红外光调制前的响应中会产生正光电流[图 4-6(a)]。而近红外照射可以使石墨烯 - C_{60}-1 产生的空穴诱导石墨烯沟道进行 P 掺杂。因此，近红外光调制得到增强的 P 掺杂石墨烯促使电子注入石墨烯的内建电场，C_{60}-2 - Pentacene 将主导光响应，从而产生负光电流[图 4-6(a)]，这提供了实现逻辑信号反转的机会。值得注意的是，信号光的功率也应与调制光的功率兼容[图 4-4(b)]。各种调制光功率密度下光电流的更多调制情况如图 4-7(a)所示，光电流的反转幅度也与调制光功率密度有关。因此，非对称载流子的传输路径提供了光电流正负调控的条件。红外光调制可以抵消厚度带来的部分损耗，这类似于较薄的 C_{60} 器件的工作情况。这种显著差异揭示了多层异质结系统中内建电场变化导致的载流子传输变化。

为了进一步验证上面提出的推论，实验在没有光调制的 2 个对照组中探索了与功率相关的光电流情况[图 4-7(b)]。在大多数光电导器件中，很少发现随输入光功率变化的光电流反转。然而，具有 5 nm 和 11 nm 厚的 C_{60} 中间传输层器件的光电流响应情况明显不同，并且随光功率从 133.7 mW/cm^2 变化到 7.7 mW/cm^2，有光电流信号翻转的情况[图 4-7(b)]。C_{60}-2 – Pentacene 的能带排列和中间传输层 C_{60} 的适当厚度[图 4-7(b)下半部分]，确保了光生电子可以有效地进入石墨烯，并产生负光电流响应。与 5 nm 的 C_{60} 对照器件中的全功率变化下均为负光电流的情况相比，随着输入功率密度的降低，在 11 nm 厚的 C_{60} 对照组器件中观察到两次光电流翻转现象[图 4-7(b)上半部分]。

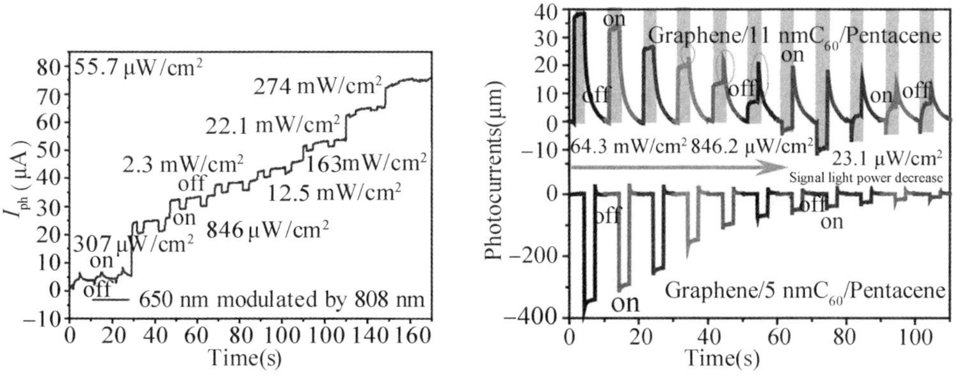

(a)较弱功率信号光的调制情况(C_{60} 厚度为 11 nm)

(b)在不同输入光功率密度下，不同的厚度(5 nm、11 nm)的 C_{60} 器件的内在光电流变化

图 4-7　对照组器件光响应特性和光电流反向调制

正如所观察到的，当 650 nm 的照射功率密度超过 864.2 mW/cm^{2}时[图 4-7(b)上半部分从深蓝色到黑色的响应线条]，器件表现为正光电流。这些正光电流主要是光热电部分和光电部分响应的综合结果。从这些现象推断，厚的 C_{60}更倾向于贡献光热电流，尤其当施加相对高功率的光作用时。在 650 nm 光的照射下，光生激子在 C_{60}-2 – Pentacene 内建电场下分离和漂移，当其通过 11 nm 的 C_{60}层时，部分光生电子被耗尽，剩余一些电子转移到石墨烯中，而 Pentacene 中束缚的光生空穴产生了光栅极效应[图 4-7(b)]，这是光电部分(从紫色到深紫色线)产生相对较小负响应的原因[图 4-7(b)上半部分]。实验甚至可以在开关光的边缘位置[当输入功率密度小于251.7 mW/cm^{2}时，图 4-7(b)上半部分]区分出具有瞬时尖峰的纯负响应。因此，在正向光电流中仍然存在负响应分量[图 4-7(b)上半部分中圈出]。然而，这些尖峰随着光功率的增加[图 4-7(b)上半部分面板中的深蓝色线附近]而减少，并且负响应最终淹没在主要的正响应光电流中。相比之下，正光电流在相应的功率密度范围内表现出显著增长。因此，随着输入光功率的增加，正光热电流将在响应中占主导地位，从而对负响应产生屏蔽效应。随着功率适当减小即 650 nm 光的照明功率降低到 251.7 mW/cm^{2}时，C_{60}-2 – Pentacene 的内建电场仍然能够使明显的电子注入(包括漂移和扩散过程)石墨烯中，从而产生纯负光电流[图 4-7(b)上半部分中从紫色到棕色线]。随着输入光功率的不断降低，进入石墨烯通道的电子浓度降低到较低水平，很少有电子可以通过 C_{60}-1 和 C_{60}-2 进行耗尽或扩散(输入功率为 37.5 mW/cm^2)。因此，来自 C_{60}-2 – Pentacene 的负光电流消失，只留下尖峰[图 4-7(b)]，此时石墨烯 – C_{60}-1 异质结主导光响应，使正光电流的量级上升。光电流中这种与功率相关的多态现象为通过光调制进行光电流切换提供了可能性。

在没有光调制的情况下，当使用接近紫外光的波长照射器件时，可以观察到光电导变化出现强烈而缓慢的负向漂移[图 4-8(a)中描绘的 405 nm 本征响应]。以 450 nm 光作为信号光，405 nm 光充当持续调制光，完整的光响应正负转变过程如图 4-8(b)所示。从该图中可以观察到，随着响应时间的变化，光电流从负的 78.8 mA 上升到 0，再从 0 上升到正的 36.3 mA。这种逐渐变化的负响应提供了另一种持续的光调制方法。与电栅极调制类似，这种类型的持续 405 nm 光调制会引发光电流测量中的 N 型掺杂漂移。这种连续的 N 型掺杂可较为容易地将本征 P 型石墨烯调整为 N 型。近紫外光引起的石墨烯 N 型掺杂漂移归因于近紫外光缓慢去除石墨烯表面化学吸附的氧，使石墨烯电导产生变化。最终，来自 C_{60} - Pentacene 的电子被转移到 N 型石墨烯，从而产生正向光电流。示波器捕获了测量的几个瞬态响应时间[图 4-9(a)～(d)]，结果显示，光电流较小时响应速度较快，而光电流较大时响应速度较慢，这展示了光响应度与响应时间的关系。对于较弱的正光响应，固有响应时间可以低至 20 ms，如图 4-9(b)所示。以光电流为代价获得相对较快的响应时间(20 ms)，显示出在光调制器件的应用潜力。此外，动态光调制的光响应性和响应时间表明与厚度相关的载流子的转移特征和替代电调制的潜力。

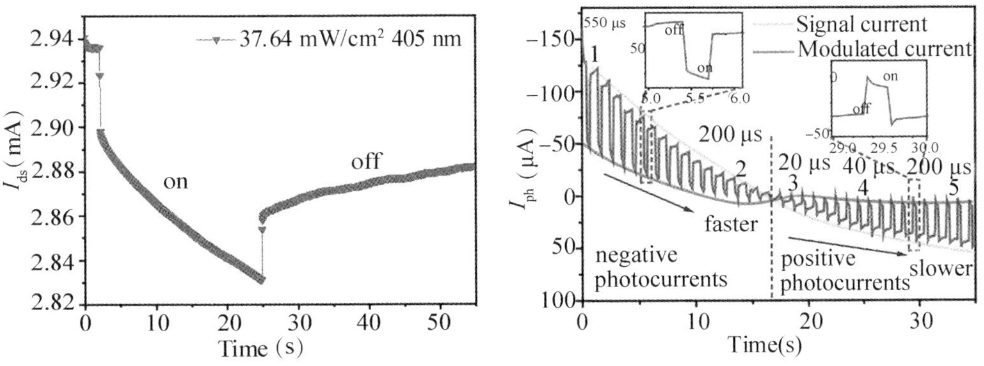

(a)405 nm 光固有的持续光响应　　(b)在持续 405 nm 光调制下 450 nm 光的光响应

图 4-8　持续调制下响应特性探究

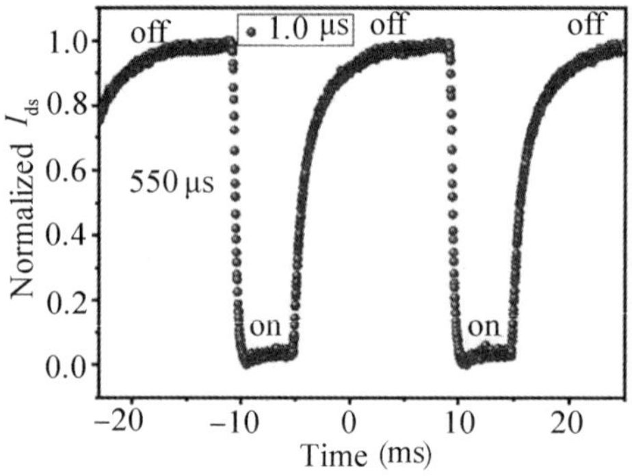

(a)对应点 1 的响应速度

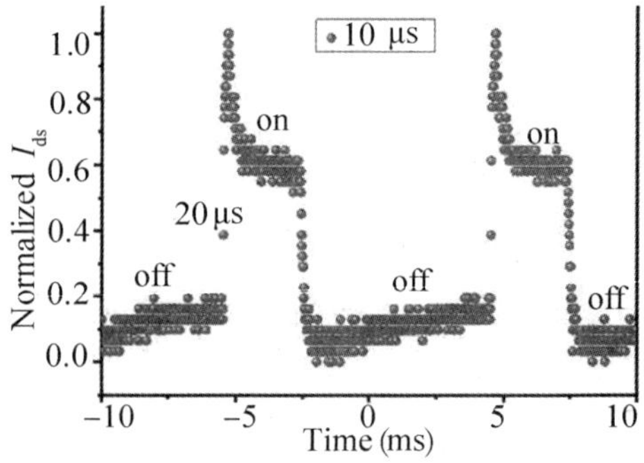

(b)对应点 3 的响应速度

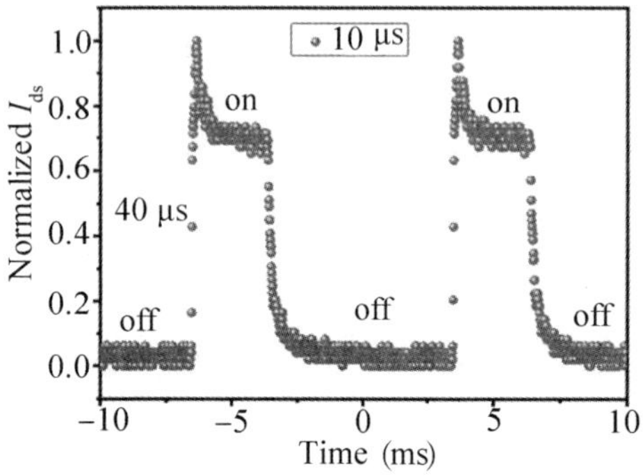

(c)对应点 4 的响应速度

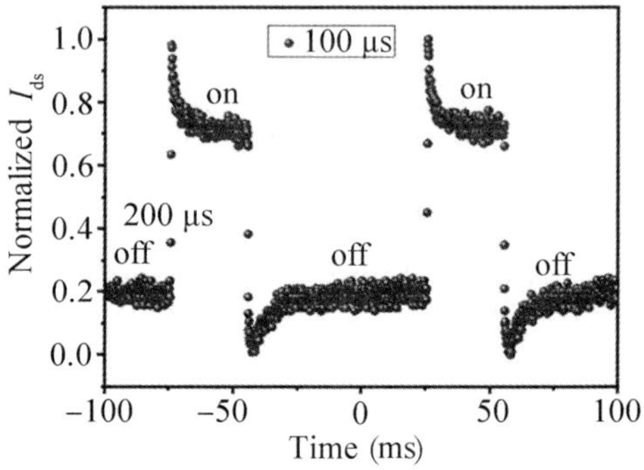

(d)对应点 5 的响应速度

图 4-9　持续光调制的响应特性探究

4.2.4 石墨烯-有机异质结光调制下的响应速度调制

最后，实验仔细研究了在可见光调制下的近红外响应光电流变化情况。图 4-10(a)展示了红外响应的时间分辨变化特性，近红外响应光电流在可见光调制下具有更快的响应时间。以光电流为代价，在功率为 20 mW/cm^2 的 650 nm 光的调制下，1310 nm 光作为信号光响应(功率密度为 20 mW/cm^2)的上升和恢复时间可以从 34.1 ms 和 36.5 ms 减少到 2.93 ms 和 3.43 ms，但这一结果以低增益和低响应度为代价。费米能级的变化与调制光的功率密度有关。石墨烯的不同掺杂水平会影响整个异质结的能带弯曲，从而影响载流子输运，这与响应时间密切相关。因此，在图 4-10(b)中展示了与调制光功率相关的近红外信号响应时间曲线，它表明其响应带宽是大范围可调的。可以看到，随着调制光功率密度的增加，响应时间得到提升。当 307 mW/cm^2 的 808 nm 的信号光被功率为 133.7 mW/cm^{2}的 650 nm 的光调制时，响应时间可提高近 10^3 倍。与近红外光调制的可见光响应情况相反，器件测试发现，近红外光响应在可见光调制下被完全抑制了[图 4-11(a)和(b)]。C_{60}-Pentacene 异质结产生的大部分电子注入石墨烯，从而在可见光照射下产生 N 型掺杂光调控。由于石墨烯-C_{60}的内建电场随着石墨烯 N 型掺杂的增强而减弱，因此可以调节本征正光电流以产生更小的光电流，进而提高响应速度[图 4-10(c)]。为了获得可见光调制的更多细节，实验还在不同的入射调制光功率密度下进行了光电流动态测量[图 4-11(c)]。随着调制光功率密度的降低，所有结果都显示光电流调制幅度值的下降。与可见光被近红外光调制相比[功率匹配可以实现光电流幅度值增强的效果，如图 4-4(b)]，在近红外光被可见光调制的情况下，即使信号光和调制光都处于低功率密度，也只能观察到光电流抑制情况，没有出现功率匹配下可以增强响应的情况[图 4-12 所示]。

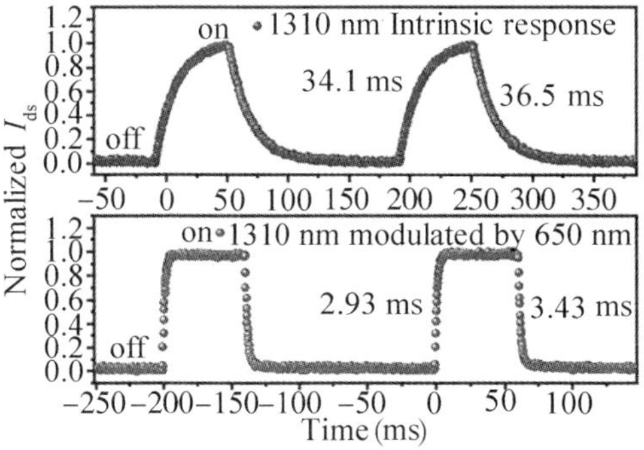

(a)光调制下的 1310 nm 光的光响应

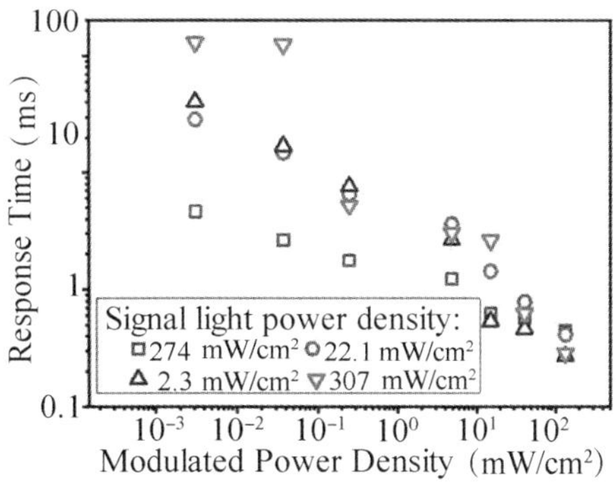

(b)在不同信号光和调制光功率密度下的响应时间分析

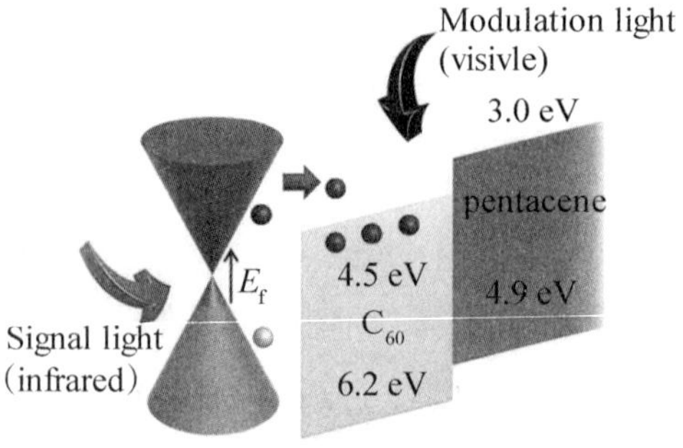

（c）时间调制机理示意图

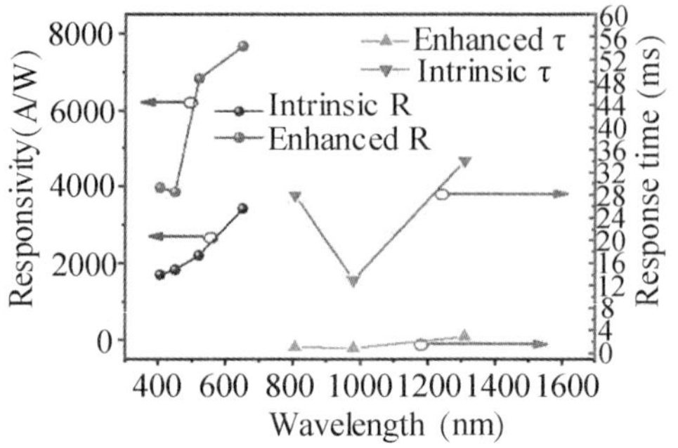

（d）双层 - 石墨烯异质结光电晶体管的器件性能增强的总结

图 4-10　可见光开关调制下红外响应的光电特性

上述光调制方法涉及两个光波长范围之间的相互调制，405 nm 调制去除吸附氧的特殊情况除外。因此，由于与波长相关的双向响应，这种石墨烯 - C_{60} - Pentacene 结构将探测范围分为两个区域，405 ～650 nm 和 808 ～1550 nm。上层材料决定了正响应和负响应的转换点，这会影响不同的光调制区域。为了排除一些偶然因素，实验研究了在一个波长范围区域（信号和调制光都在一个响应方向时）中调制变化的光响应特性，结果显示，信号和调制光之间表现出正常的饱和关系（简单的相互抵消情况），因此，测试的波长相关双向响应相互调制是有效的［图 4-11（d）］。与传统的光电混合调制光电晶体管使用一个栅极或光源来调节电信号不同，本实验制备的全光输入光电晶体管在光调制下具有可调动态响应特性，这表明可以通过一个调制光源触发垂直方向的多状态竞争，其替代电调制的光电流极性变化现象为开发极性控制的新全光器件提供了新思路。

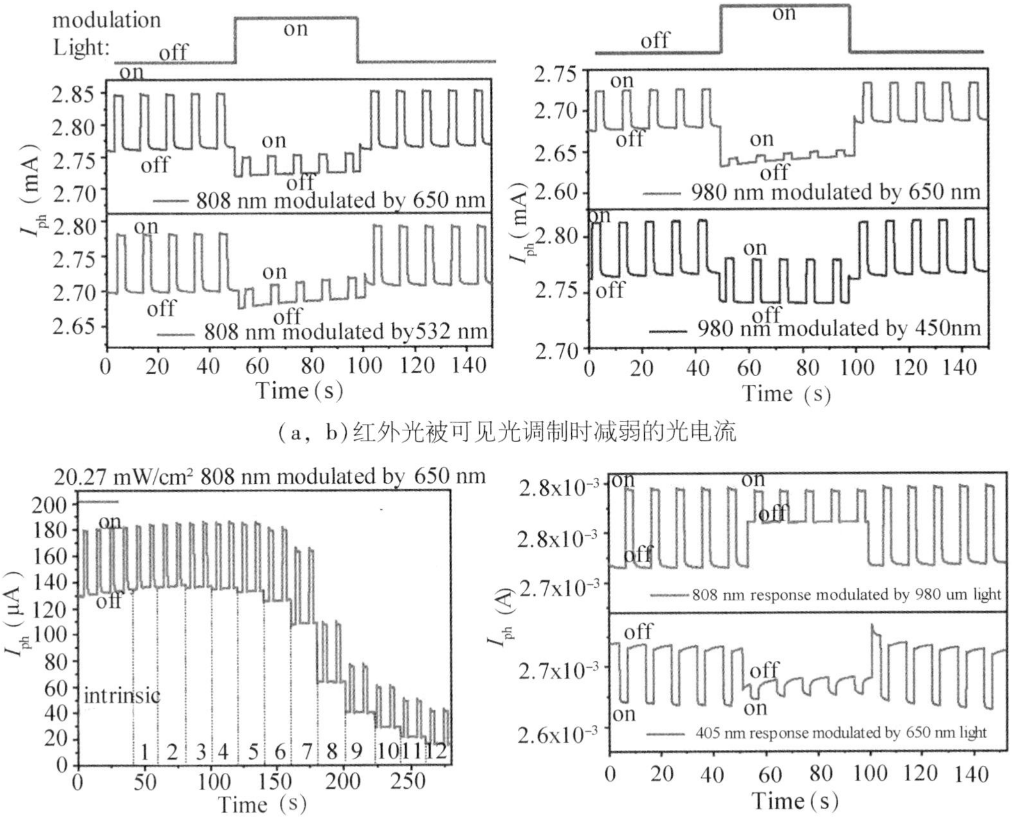

(a，b)红外光被可见光调制时减弱的光电流

(c)不同功率密度的650 nm光对红外808 nm响应信号的调制(从133 mW/cm² 到 3.1 mW/cm²)

(d)同极性响应光的自我调制情况

图4-11　光调制响应特性

5 nm C_{60} - 10 nm Pentacene器件响应度的提高和响应时间的提升可以通过两种不同的光调制实现。如图4-10(d)所示，左面板为近红外光调制获得的结果，右面板为可见光调制获得的结果。合适功率的近红外光调制可以确保载流子的有效传输，并提高可见光响应的响应度。可见光N掺杂调制以牺牲光电流为代价，提高了响应时间和恢复时间。

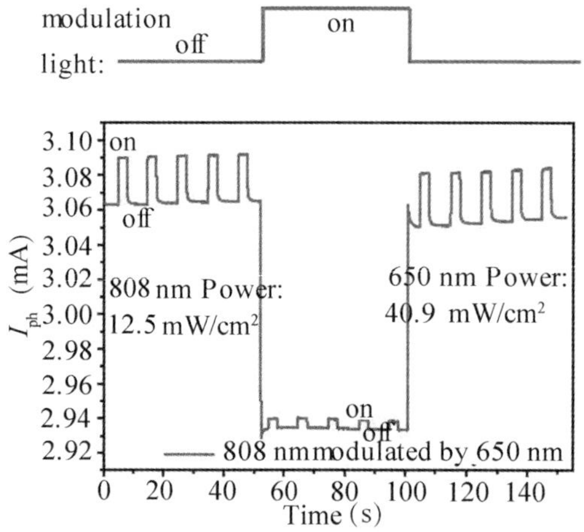

(a)相对高功率密度的红外 808 nm 响应由 650 nm 的高功率密度光调制

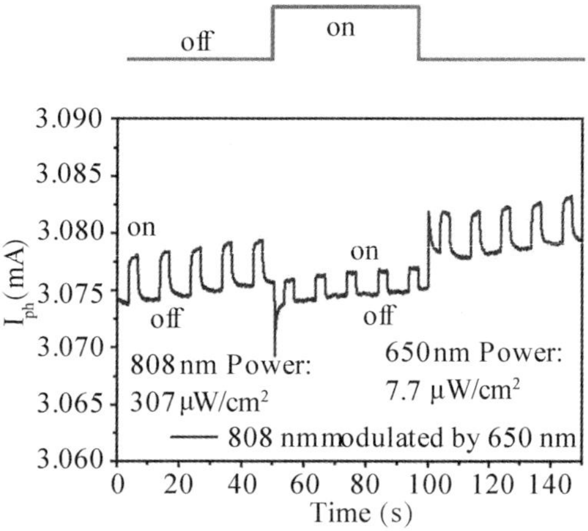

(b)相对低功率密度的红外 808 nm 响应由 650 nm 光的低功率密度调制

图 4-12　其他补充调制特性

4.3 本章小结

本章在较薄和较厚的 C_{60} 对照组异质结光电晶体管(石墨烯 - C_{60} - Pentacene)中展示了三种不同的光调制方式，包括光电流幅度调制、响应速度调制和极性调制。与功率相关的可调光电流现象为增强响应提供了一种新的有效方法，其中在近红外光调制下的可见光响应从 3425 A/W 增加到了 7673 A/W。随着中间传输层厚度的增加，较厚的 C_{60} 层器件表现出更明显的极性调制现象，可以通过光调制实现光电流的逻辑切换，这展示出了此类器件制备全光极性调制器件的巨大潜力。持续的近紫外光照射会使器件出现完整的光电流正负交替过程，并实现最快近 20 ms 的可见光响应速度。此外，基于可见光调制为器件提供了从 10 ～ 3×10^3 Hz 的可调带宽，这以牺牲近红外光电流为代价。这些光调制结果不仅揭示了双向光电晶体管中的载流子传输机制，而且展示了光调制的优势和新的极性调控机理，为未来开发更具创新性和功能性的全光器件提供了可靠的依据。

第五章

石墨烯 - 有机体异质结探测器件的研究

5.1 引言

较厚的光活性层可以提高吸收比例并有着更高的响应度，但有效激子长度在 5 ～10 nm 范围内受到限制，会导致传输效率降低[200]。为了解决这种平衡关系的限制，适当厚度的光吸收层和有效的内建电场是必要条件[45]。因此，一些超薄的 type-Ⅱ型给体 – 受体类型的异质结如 PCBM – 钙钛矿[133]、PTCDA – Pentacene[39]和 C_{60} – Pentacene[135]，被引入用于石墨烯光电导器件上以提高量子效率(与单电荷转移增强型器件相比，量子效率显著提高)。相比上述两章中介绍的平面异质结供体 – 受体系统，本章将引入有机体异质结，其可以进一步提高激子解离率，打破有效激子长度的限制，以提高探测器件的灵敏度和响应度等参数。此外，缺少电荷阻挡层会导致石墨烯 – 有机体异质之间的复合增加，从而导致能量损失。因此，需要进一步探究新结构的优化方案以实现有效的电荷转移与电荷束缚。

此外，在应用层面，随着大数据和云计算时代的来临，更多兼容性和复杂性的存储单元需要被开发[201-203]。随着二维材料的出现，没有悬空键的高性能三端半浮栅、浮栅和两端铁电隧道结存储结构的高水平记忆器件已经实现[165,204-205]。光电存储器促进了数据传输，且不受短互联的限制。然而，对于图像捕获和光通信计算至关重要的近红外光电存储器却很少受到关注[206-207]。近红外光通信需要快速的光电转换 – 释放[194]、光存储[208]和逻辑运算模块[209]。兼具这些功能的高性能光电芯片备受追捧，例如视觉芯片中原本分离的图像探测感知和预处理功能可以在多功能光芯片中协同工作，以提高整体视觉系统的效率。如今，存感算光子芯片的更多功能正在被探究中，例如边缘计算[210]、记忆探测[211]、运动探测[212]和宽带卷积处理[213]。

5.2 石墨烯–二元有机体异质结探测器与机器视觉应用

5.2.1 石墨烯–二元有机体异质结探测器的制备与表征

将 CVD 单层石墨烯通过溶液法转移到 SiO_2–Si 重掺杂的衬底上，并在石墨烯上制备对称电极以完成石墨烯场效应管(沟道通路长 25 mm，宽250 mm)。将 110 mg 无水乙酸锌[$Zn(CH_3COO)_2 2H_2O$]和 31 mg 乙醇胺溶解在 1 mL 的 2-甲氧基乙醇中并搅拌过夜，形成 ZnO 前驱体溶液，然后将其以 12 000 r/min 的速度旋涂在石墨烯上，使其在大气环境退火后形成稳定薄膜。有机体异质结材料 PTB7-Th：IEICO-4F(质量比 1：1.5)的混合物溶解在氯苯：氯萘(体积比 96：4)溶液中，其浓度为 8 mg/mL，随后将其以 10 000 r/min 的速度旋涂在已经制备好的石墨烯–ZnO 表面。通过溶液旋涂法形成的 ZnO 和有机体异质结层的厚度分别为 15 nm 和 35 nm[图 5-1(a)]。PTB7-Th：IEICO-4F 拥有宽响应波段(488～1064 nm)和高解离率，如图 5-1(b)所示，因此在器件中被用作近红外主要感光层。

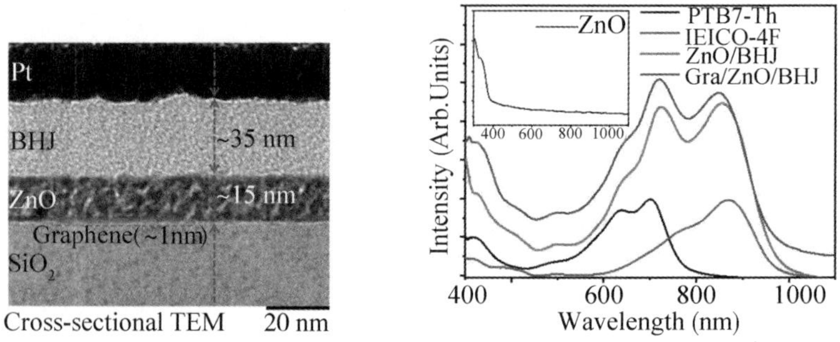

(a)横截面 TEM 图像

(b)PTB7-Th、IEICO-4F、ZnO–体异质结和石墨烯–ZnO–体异质结的吸收光谱

图 5-1 石墨烯–有机体异质结光电晶体管的结构表征

旋涂完成前后的每个材料组分都通过拉曼光谱确认，单体 ZnO 的特征峰 E_2 位于 433 cm^{-1} 附近，PTB7-Th 的特征峰位为 1462 cm^{-1}、1494 cm^{-1} 和 1530 cm^{-1}，IEICO-4F 的特征峰位为 1353 cm^{-1} 和 1600 cm^{-1}，这与 ZnO、PTB7-Th 和 IEICO-4F 旋涂到石墨烯之后测试的拉曼特征峰相一致［图 5-2(a)和图 5-3］。CVD 石墨烯可以在完成两次旋涂工艺之后测得峰位明显的 2D 峰和 G 峰，其峰位置没有产生明显位移，这保证了旋涂完成之后石墨烯的质量。另外，给体－受体杂化体表现出具有适当相分离尺寸的双连续互穿网络结构［图 5-2(b)］，这有利于激子解离和电荷传输。

同时，独特的体异质结形态使得石墨烯－有机光电晶体管的感光层比传统平面异质结的感光层更厚，同时也可保证高响应电流和量子效率。体异质结层的 AFM 图像显示出其具有相对平滑的薄膜表面，具有 2.65 nm 的较小均方根粗糙度［图 5-2(c)］，这表明有机体异质结和 ZnO 层之间有着良好的界面接触。此外，通过图 5-2(d)中的掠入射广角 X 射线散射谱测量证明，PTB7-Th 和 IEICO-4F 的组合在垂直方向上显示出有序和紧凑的分子堆积，以实现垂直方向的高效电荷传输，这将部分解决光电导器件在垂直方向上没有外加电压驱动的问题。上述表征体现了器件良好的界面结构和分子堆积情况，这将有助于高性能石墨烯－有机光电晶体管的实现。

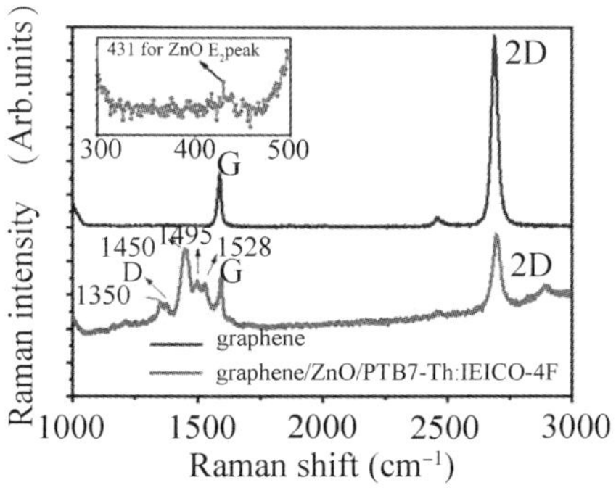

(a) SiO_2 衬底上石墨烯和石墨烯－ZnO－有机体异质结的拉曼光谱

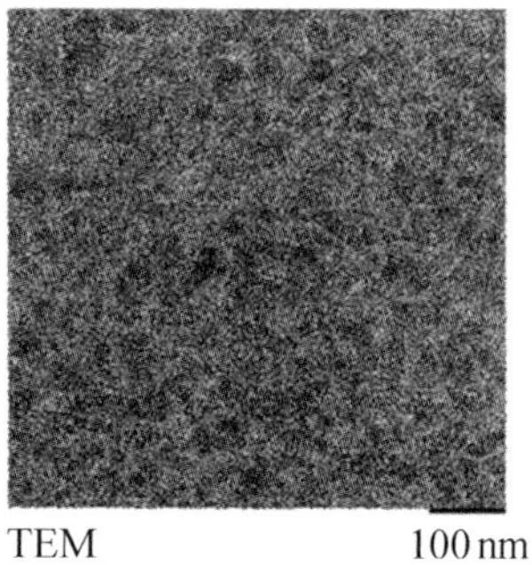

(b) 有机体异质结层的 TEM 图像

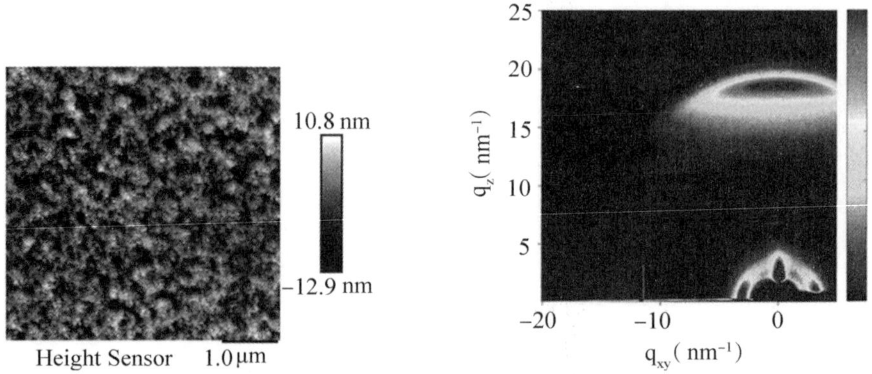

(c) 有机体异质结层的 AFM 图像，尺度为 5 μm × 5 μm

(d) 有机体异质结层的二维掠入射广角 X 射线散射谱图像

图 5-2 石墨烯 - 有机体异质结光电晶体管的形貌表征

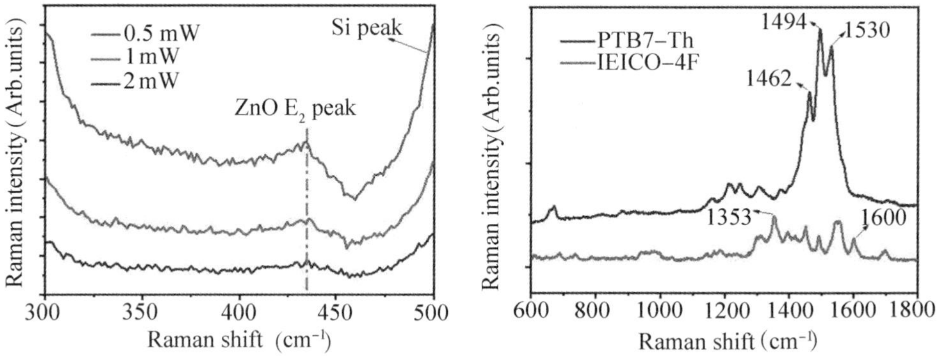

(a) ZnO 的拉曼光谱

(b) PTB7-Th 与 IEICO-4F 的拉曼光谱

图 5-3 ZnO 与有机材料的拉曼光谱对比

5.2.2 石墨烯 - 二元有机体异质结探测器的响应切换特性

如图 5-4(a) 所示，实验构建了多层的石墨烯 - ZnO - 二元有机体异质结光电探测器，并进一步测试探究石墨烯 - 有机体异质结光电晶体管的固有响应特性。有趣的是，随着栅极电压的变化，可以观察到四种类型不同的光电响应切换状态[图 5-4(b)]。当施加的栅极电压约为 -20 V 时，在施加的持续光关闭之后，器件中仍有部分比例的电流剩余并且能够维持较长时间，此时光记忆行为在器件中占主导地位[图 5-5(a)]。随着栅极电压的增加，当栅极电压为 7.5 V 和 40 V 时，关闭光源后，器件中没有电流残留，此为无记忆响应状态[图 5-5(b)和(d)]。而栅极电压为 17 V 时，器件没有响应，为关闭态[图 5-5(c)]。

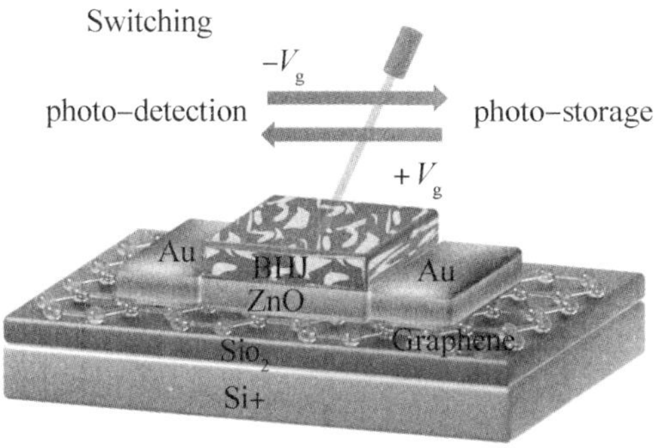

(a) 石墨烯 - ZnO - PTB7-Th：IEICO-4F 光电晶体管的器件结构

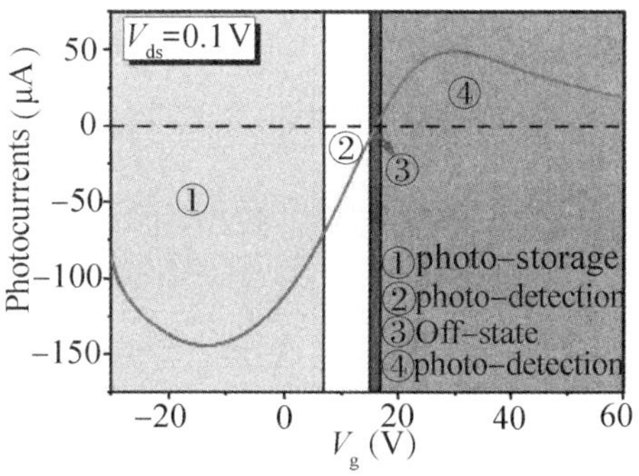

(b) 双极光响应和随 V_g 变化的四种工作状态

图 5-4 不同栅极电压下石墨烯 - 有机体异质结光电晶体管的多功能切换

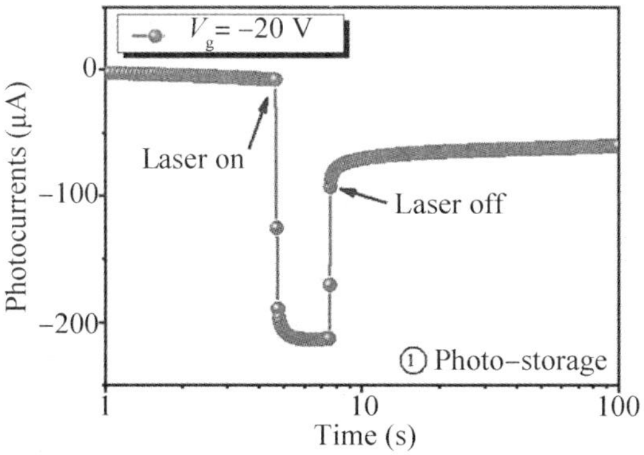

(a) V_g = -20 V，负光响应下的长程光记忆状态

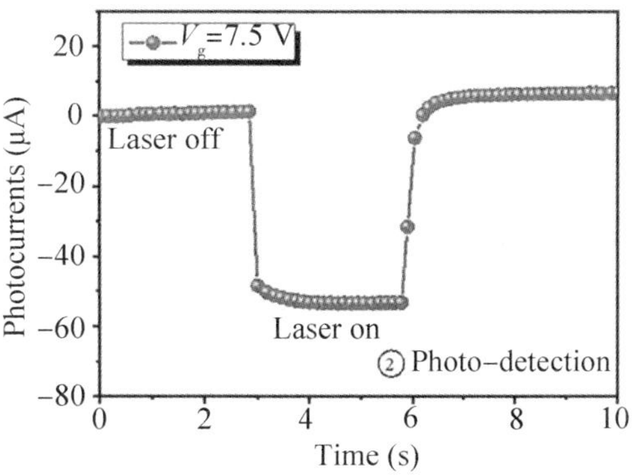

(b) V_g = 7.5 V，负光响应下的无记忆光响应状态

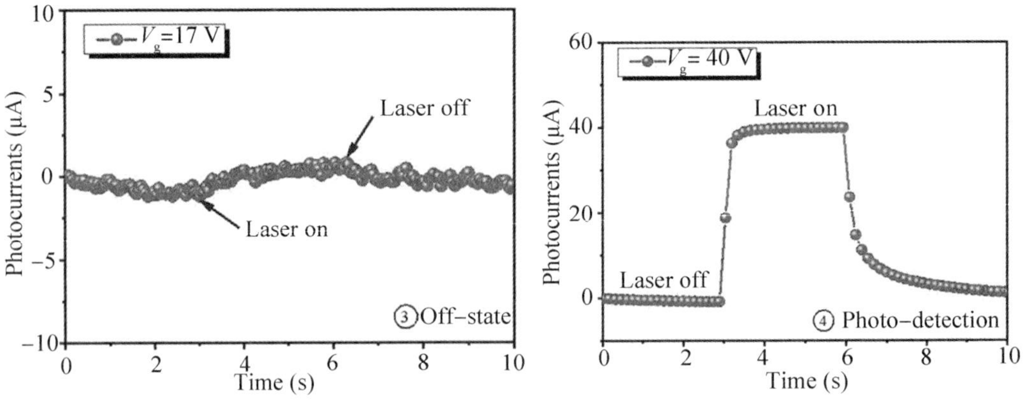

(c) V_g =17 V，关闭状态　　(d) V_g =40 V，正光响应下的无记忆光响应状态

图 5-5　不同栅极电压下石墨烯－有机体异质结光电晶体管多功能切换的光电流测试

在不同输入光功率照射下的石墨烯－有机体异质结器件显示出受栅极控制的不对称双极光电流响应，如图 5-6(a)所示，表明在不同栅极电压的能带结构排列下，光生载流子表现出不同的传输情况。由于 IEICO-4F 是具有4. 16 eV(5. 44 eV)的 LUMO(HUMO)的非富勒烯受体，而 PTB7-Th 是具有3. 55 eV(5. 27 eV)的 LUMO(HUMO)的给体，因此它们接触形成的 type-Ⅱ型异质结将促进光激发下的激子分离和电荷转移。在此类结构中，石墨烯充当导电沟道，PTB7-Th：IEICO-4F 体异质结主要作为可见－近红外区域的吸收层[基于图 5-1(b)中的吸收光谱]。然而，体异质结 PTB7-Th：IEICO-4F 的载流子迁移率相对较低，这导致光生载流子在被石墨烯沟道收集之前容易复合。因此，将活性层混合异质结厚度限制在 35 nm 的范围内并且引入较薄的电子传输层 ZnO，可以提高光生载流子的收集率。

由于能带排列赋予了 ZnO 较强的电子亲和力，因此光生电子从给体－受体系统 PTB7-Th：IEICO-4F 进入石墨烯沟道后表现出了较强的电子提取效果[图 5-6(b)和(c)]。在光照下，光生电子－空穴对解离，电子被提取到石墨烯中，致使石墨烯 N 掺杂，最终产生负光电流[图 5-6(c)]。石墨烯被空气部分氧化，表现出了空穴主导的情况，其在无光照条件下的转移曲线如图5-6(c)所示，其狄拉克点为27.6 V。在60 mW/cm^{2}的895 nm光的照射下，载流子变化引起狄拉克点向左移动，表明产生N掺杂，其光照的狄拉克点在栅极电压7.2 V处。

为了更好地探究负或正的光响应动态变化情况，实验进一步研究了双极响应时间分辨的光电流随V_g的变化情况[图5-6(d)]。随着V_g的增大，近红外940 nm光的负光响应转变为正光电流[图5-6(d)]。当$V_g < V_{Dirac} =$ 27.6 V时，空穴在石墨烯通道中占主导地位[图5-6(b)和(c)]。光生电子注入石墨烯，产生负响应[图5-6(d)上半部分]。在石墨烯深P掺杂的条件下(如$V_g = -10$ V)，弯曲能带可以显著促进电子注入。与$V_g = 10$ V时相比，弯曲能带后的光电流提高了3.23倍[图5-6(a)]。而在石墨烯处于电子分支时($V_g > V_{Dirac} = 27.6$ V)，随着V_g的增大，正响应光电流出现先增加后衰减的现象[图5-6(d)]，这与石墨烯处于空穴分支时略有不同。当$V_g >$ 40 V时，产生这种抑制光电流的主要原因是电子主导的石墨烯的费米能级可能接近或超过ZnO的LUMO能级(4.4 eV)，使得载流子可能部分进入ZnO导致束缚的空穴被复合，从而损失了一部分光电流。此外，石墨烯费米能级达到N型的高态密度位置，使得进入石墨烯的电子可引起的电导率变化减小。当V_g超过42.8 V时，正响应开始衰减，功函数接近4.43 eV，可由式(5-1)确定[2 27]，部分证明了上述原理推断。

$$E_f = v_F \sqrt{\pi C_{ox} | V_g - V_{Dirac} | / e} \tag{5-1}$$

如图5-6(c)所示，光照射下的转移曲线在V_g接近40 V时显示出了明显的弯曲，佐证了光电流先增加后衰减的现象。

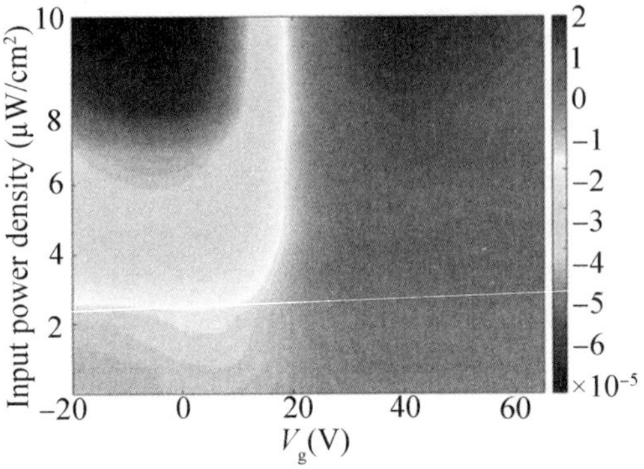

(a) V_g和输入功率相关的光电流强度颜色分布图(940 nm)

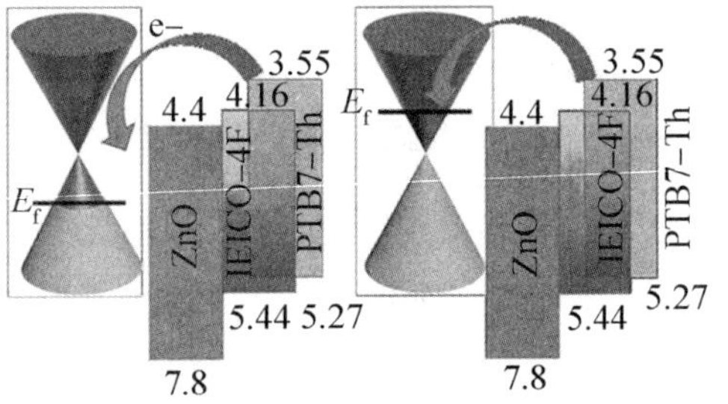

(b) 在不同 V_g 条件下，器件的能带排列和电荷转移情况

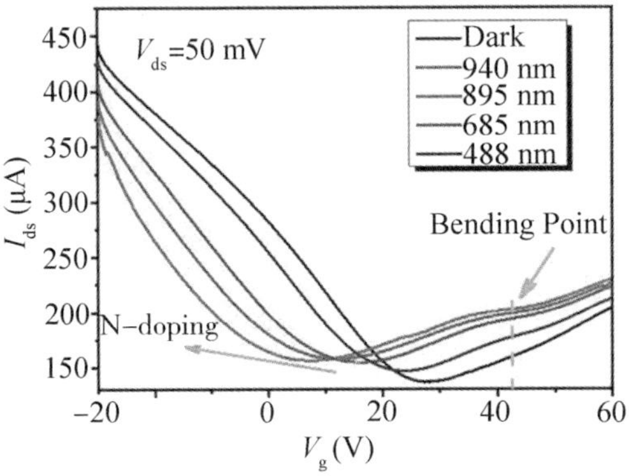

(c) 在相同功率密度 60 mW/cm² 的不同输入波长下，石墨烯 - 有机体异质结光电晶体管的转移特性曲线

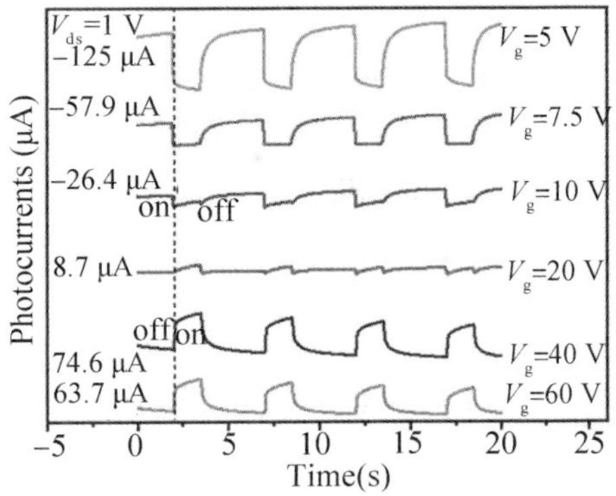

(d) 在 940 nm 光照射下，不同 V_g 下的瞬态光电流

图 5-6　石墨烯 - 有机光电晶体管的转移特性、无记忆光响应特性

不对称的双向光电流意味着深掺杂石墨烯可以在牺牲响应时间的情况下实现更强光栅极效应产生的响应[图 5-6(a)]。为了获得优化的光响应度，实验将进行光电流随输入光功率密度变化和随 V_g从 -20 V ～65 V 变化的测试。接下来的两个小节将分别介绍双极无记忆响应的灵敏度和记忆响

应的相关参数。如图 5-7 所示，栅极调控下的 *I-V* 曲线始终呈现出欧姆接触特性，以排除有机材料与电极接触产生影响光电流极性测试的响应。

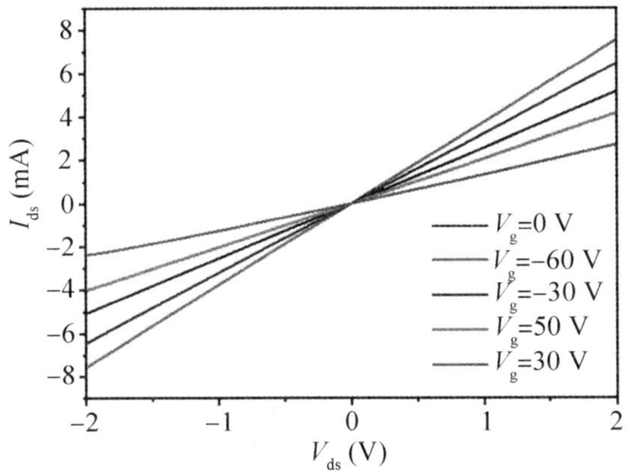

图 5-7　石墨烯 – 有机体异质结光电晶体管在不同栅极电压下的输出特性曲线

5.2.3　石墨烯 – 二元有机体异质结探测器的响应灵敏度

当 V_g接近 7.5 V(石墨烯处于较弱空穴分支)时，由于电子的浅捕获态，器件没有表现出明显的光记忆。利用图 5-6(a)中的栅极调制趋势，实验测试了无记忆响应中正负响应最大的两个栅极电压的位置(V_g = 10 V 和 V_g = 50 V)。在 V_g = 10 V 和 V_g = 50 V 的栅极电压下，实验展示了无记忆优化光响应度测试情况[图 5-8(a)]。与功率相关的时间分辨正负响应如图 5-8(a)所示，结果表明，即使在超低输入光功率(895 nm，14.4 nW/cm^2，V_g = 10 V和 50 V)下，器件也表现出了突出的光敏能力。负响应中的最高近红外响应度为 1.88×10^6 A/W，正响应的最大响应度为 1.3×10^6 A/W。

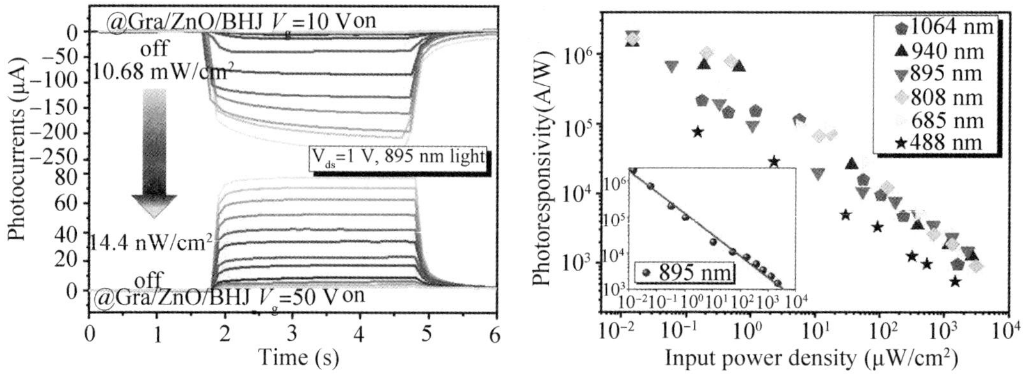

(a)不同 V_g 值、不同光输入功率下的光电流变化情况　　(b)不同光功率密度下的光响应性变化

图 5-8　石墨烯-有机体异质结光电晶体管的响应度表征

在大多数激发波长中，响应度(R)与输入光功率(P)展现出对数线性关系[图 5-8(b)]。响应度随光照射功率的减小而增加，变化趋势可由式(2-6)拟合。特别是对于 895 nm 的光响应，如图 5-8(b)所示，其拟合曲线的拟合系数 b=0.417，侧面反映出了异质结中空穴束缚态的情况。而对于 1064 nm 的光响应，当功率值约为 1.16 mW/cm^2 时，响应度与输入光功率的线性关系呈现出饱和状态，这是约 1 mm 的响应处于有机给体-受体吸收的截止边缘所致。与之前的平面异质结增强的石墨烯器件相比，本器件在响应度方面表现出近几十倍的提升。

基于光栅极效应的光电晶体管通常利用延长束缚一种载流子以延长复合时间的方法，使得自身在沟道中可以重复循环利用另一种载流子，最终获得高增益响应。因此，增益(循环次数)与复合时间相关，由式(2-4)计算可得。相对较长的复合时间一般会导致器件整体的工作速度较差，因此，在响应度和响应速度带宽之间存在平衡关系。图 5-9 显示了具有不同栅极偏置的器件的瞬态响应，响应时间和恢复时间分别为 178 ms 和 1.41 ms，V_{ds}

为1 V，V_g为15 V(图5-9 上半部分)，这表明该器件优于大多数的石墨烯光电导器件。为了获得更高的响应度，该器件的恢复时间在 $V_g=10$ V 下延长至 32 ms (图 5-9下半部分)，此时，负红外响应的增益高达 5.01×10^6，外量子效率高达 $2.6\times10^8\%$。

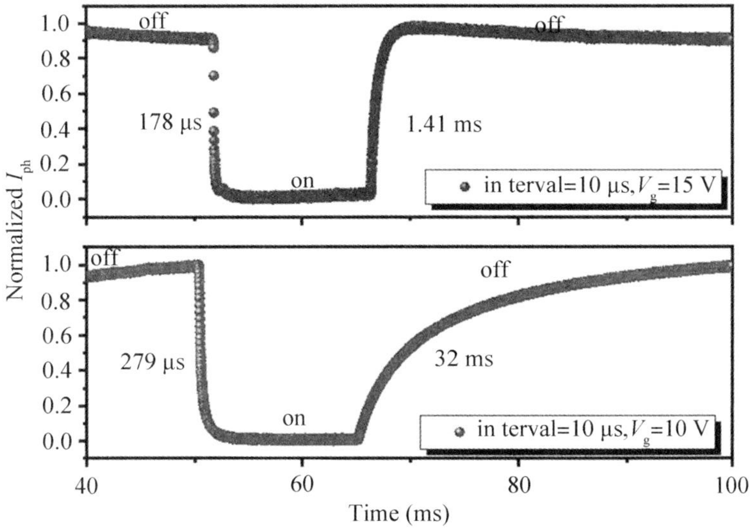

图 5-9　石墨烯 - 有机体异质结光电晶体管的响应速率

为了进一步研究近红外响应信噪特性，实验测试了与栅极电压相关的噪声谱[图 5-10(a)]。在 $V_g=20$ V 时，由于狄拉克点附近暗电流的较低引导的直接抑制噪声效果，噪声谱密度最低可达 1.23×10^{-9} A/Hz$^{1/2}$(100 Hz)。根据图 5-6(a)的测试结果，在 $V_g=10$ V 和 $V_g=50$ V 的栅极电压下，无记忆近红外响应处于正负响应的最大值。实验主要探究了 $V_g=10$ V 时，器件获得最大响应度时所对应的最大比探测率。另外，实验还测试了带宽特性以精确计算比探测率。如图 5-10(b)和(c)所示，器件在 $V_g=10$ V 时，3 dB 带宽为 127 Hz 左右。这里使用一种简单且精确的方法来评估信噪比，根据式(2-3)第二个计算式来计算器件的比探测率。使用测试获取的噪声特征[图5-10(a)]和响应率-频率关系[图5-10(b)和(c)]，可以绘制比探测率的色谱图，如图5-10(d)所示。在1 V的偏置下，由于闪烁噪声的影响，低频范围(1～10 Hz)中的比探测率在10^{10}～10^{12} Jones波动。当频率接近器件的带宽(127 Hz)时，此时红外波段(780～940 nm)区域的大部分比探测率超过1.4×10^{12} Jones。值得注意的是，在895 nm波长处。100 Hz的工作频率下，比探测率可达到最大值4.8×10^{12} Jones，此时的栅极电压为10 V。

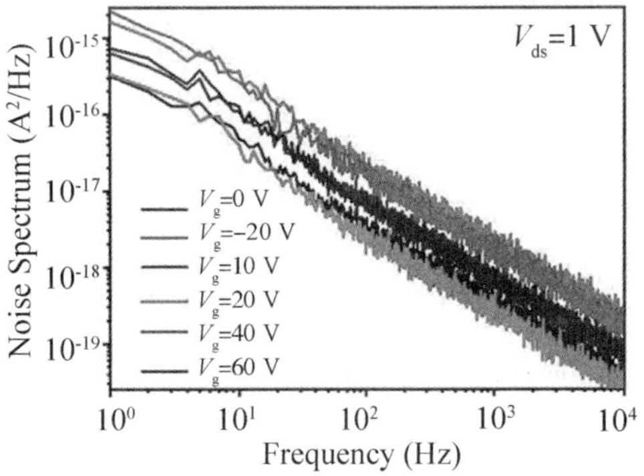

(a)不同工作频率下的噪声谱情况

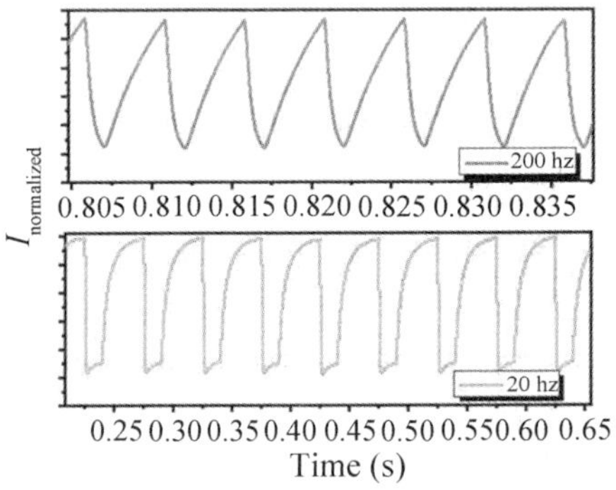

(b)在V_g=10 V时，不同响应频率下的光电流波形情况

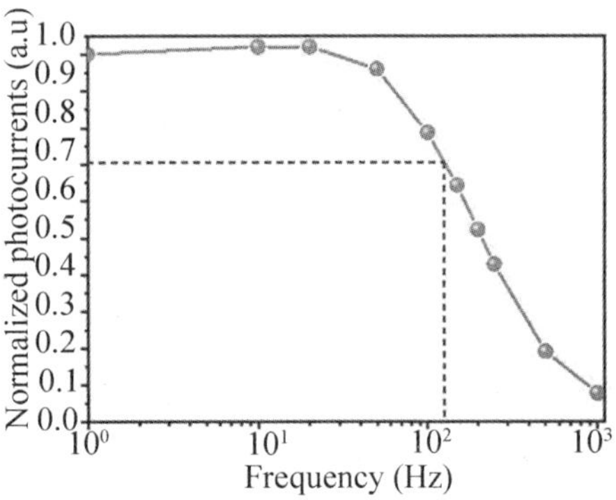

(c)在V_g=10 V时，器件的3 dB带宽

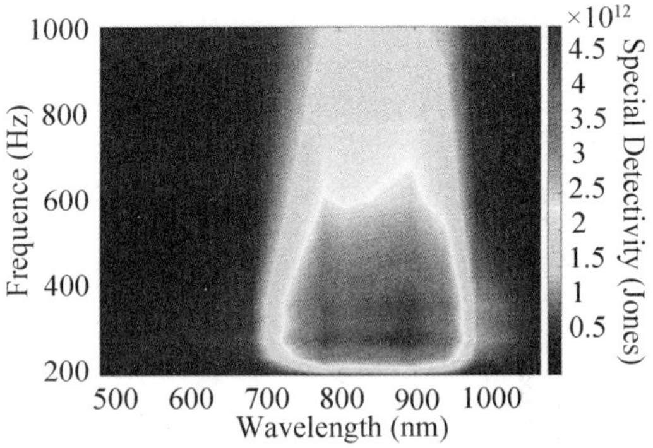

(d)比探测率的频率和波长变化下的色谱图

图5-10 石墨烯-有机体异质结光电晶体管的噪声、带宽、比探测率表征

5.2.4 石墨烯-二元有机体异质结探测器的光记忆特性

在对无记忆光响应的探测关键参数进行系统研究后，实验接着探究了近红外光引起的光记忆情况。石墨烯在深P型掺杂条件下表现出长程近红外光记忆特性。图5-11(a)展示了当器件在 $V_g=-30$ V下工作时，在3个周期内稳定且可以实现可擦除的近红外光存储效果。转移特性曲线中出现了明显的回滞现象，如图5-11(b)所示，说明器件存在较强的电荷束缚状态。另外，由于ZnO诱导的空穴束缚状态延长，因此光生电荷存储功能可以通过 V_g 调整和擦除。另外，转移特性曲线在光照射下的第二个弯曲点[图5-11(b)中的绿色虚线]存在一个明显的参考擦除电压，揭示了 V_g 脉冲的电压需要超过此参考值才足以完全重置[图5-11(c)]。当石墨烯的费米能级接近或超过ZnO的LUMO能级时，石墨烯中的电子可以有更大机会越过势垒，这样石墨烯可以向有机体异质结提供丰富的电子，以中和ZnO界面附近俘获的空穴以进行光记忆擦除。因此，施加60 V的 V_g 脉冲，可以在0.25 s内快速擦除记忆光响应并重置[图5-11(a)]。另外，图5-11(a)中的快速向下脉冲是 V_g 脉冲引起石墨烯的瞬态电阻产生变化所引起的。

记忆光电流的开关特性[图5-4(a)和(b)]意味着栅极电压可以调节光致存储中的开关状态。阈值栅极电压可以从暗态和亮态转移曲线分支的交点处获得，为13.7 V。图5-11(d)中不同的颜色轨迹代表器件在不同 V_g 下的工作状态。在记忆写入状态下($V_g=-10$ V)[图5-11(d)]，光电流达到近574 mA，记忆电流为151 mA，深P掺杂石墨烯会促使更多的光生电子注入石墨烯，并产生强烈的记忆保持状态。随着 V_g 接近阈值栅极电压，相应的空穴或者电子有机会进入有机活性层，导致束缚态减弱。另外，能带排列导致电子进入石墨烯的比例减小，进而导致器件的光存储较差或无记忆光响应条件。然而，由于电漂移效应，实际测量的阈值栅极电压大约为 20 V[图 5-11(d)]。当 V_g 达到 10 V 时，光电流下降到 99 mA 左右，没有明显的光记忆情况出现。更高的 V_g(20 V)展示了进一步抑制光记忆的情况，如图 5-11(d)的蓝线所示。

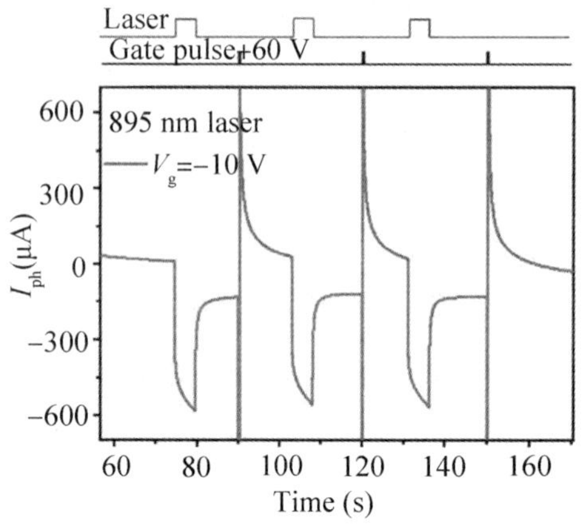

(a)3 个光写入和电擦除周期测试，光开启时间为 5 s，电栅极脉冲宽度为 0.25 s

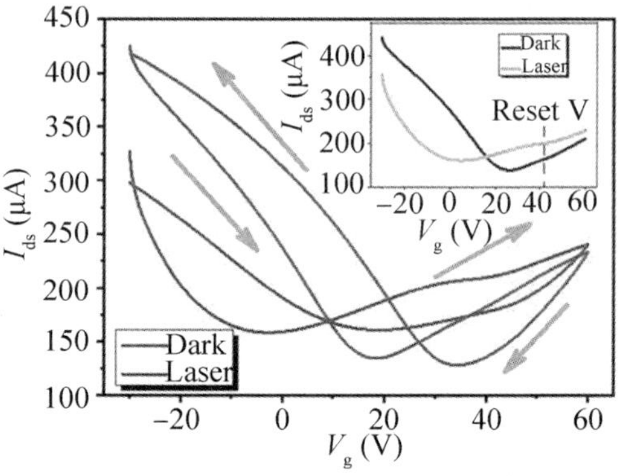

(b) 在有或没有光照的条件下的回滞转移特性曲线

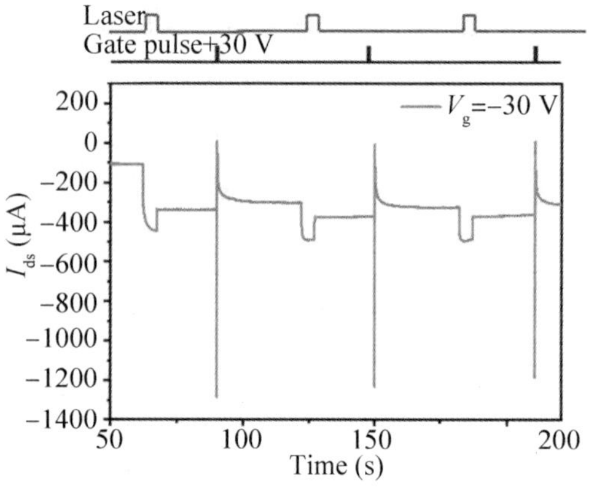

(c)用于擦除的 30 V 栅极脉冲(脉冲宽度为 0.25 s)的光电流周期测试

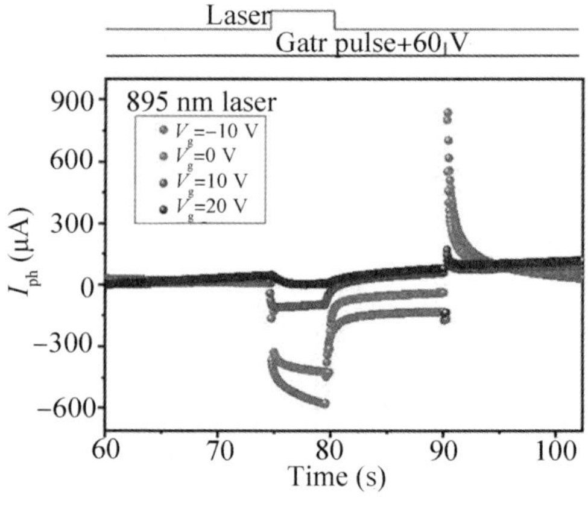

(d)不同栅极电压下的光存储情况

图 5-11　石墨烯－有机体异质结光电晶体管的光记忆特性探究

为探究长时间记忆的优化因素，实验进行了更多的光记忆测试。图5-12(a)展示了3个周期的940 nm恒定输入功率脉冲照射下的光记忆情况。实验测试了器件在不同栅极电压 V_g 下的光电流保持状态。由于940 nm引起狄拉克点的不同，因此栅极电压与上述895 nm的情况略有不同。可以看到，在浅掺杂P型石墨烯(V_g =10 V和20 V)中出现了较为松弛的记忆情况(20 s内记忆电流损失超过25%)，而在 V_g = −20 V和0 V时，光记忆保持情况相对较好。此外，图5-12(b)显示了与功率相关的写入－重置周期。可以注意到，对于较强的输入光功率(输入光大于12.5 mW/cm^2，光脉冲宽度为0.5 s)，光脉冲后的保持电流几乎无法维持并会快速释放恢复。在91 $\mu mW/cm^2$ 和12.5 mW/cm^2 输入光功率下，记忆光电流在近20 s内分别损失了14.6%和10.1%。而在1.3 mW/cm^2 功率照射下，释放记忆电流的波动在相同时间范围内保持在3.3%。在0.32 mW/cm^2 的功率照射下，保留电流也变得几乎恒定(记忆电流波动幅度大约为0.27%)。

随着光脉冲宽度的变化，记忆持续时间没有出现量级变化[图5-12(c)]，这说明延长光照持续时间而提高光电流的做法，只是使记忆电流恢复时间实现数量上的线性增加，很难使其出现量级上的变化。另外，石墨烯较低的费米能级可以使更多的光生电子被牵引进入沟道，从而使器件获得更大的光电流，这可能对延长记忆持续时间有一定作用。图5-12(d)展示了深P掺杂态的 V_g 可以提高记忆持续时间的程度[图5-12(d)中，上图和中图的记忆时间延长了近2倍]。因此，根据上述特点，利用相对较小的输入功率(0.32 mW/cm^2)和更高的 V_g 产生的深P掺杂可以实现长达 10^4 s的记忆保留时间[图5-12(d)]。

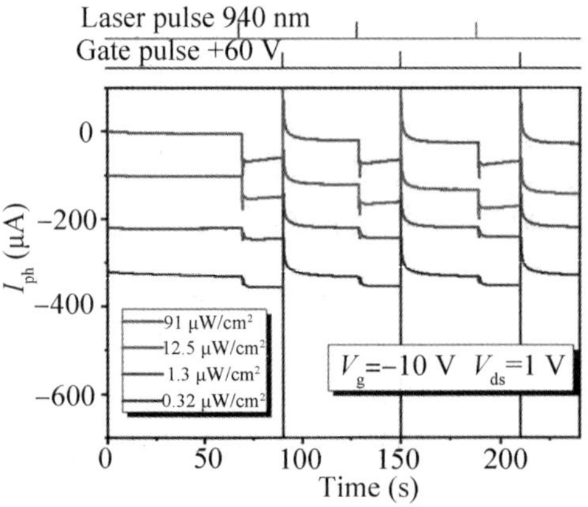

(a)在具有 1 s 脉冲宽度的恒定输入光功率下，不同栅极电压相关的松弛态记忆电流测试，输入光功率为 663 μW/cm²，栅极脉冲宽度为 0.25 s

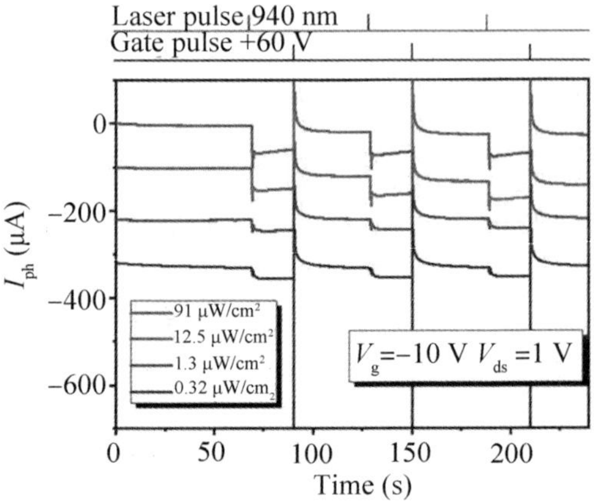

(b)不同光输入功率相关的三个写入 - 重置周期测量，光脉冲宽度为 0.5 s，栅极脉冲宽度为 0.25 s

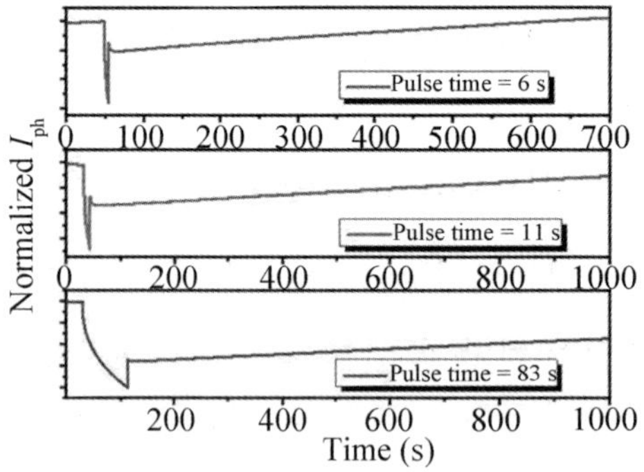

(c)三种不同脉冲时间宽度下的近红外光记忆保持状态，V_g = −20 V

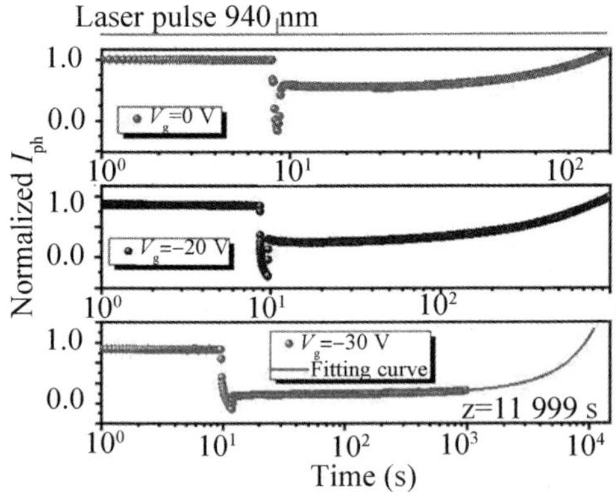

(d)不同 V_g 下，近红外光记忆的保留和持久状态测量

图 5-12　石墨烯 - 有机体异质结光电晶体管的光记忆保持特性探究

此外，为了突出记忆光器件的线性读出与分辨强弱的能力，实验测试了不同曝光时间下的记忆电流的输出情况[图 5-13(a)]，以关光后 40 s 为记忆电流参考时间。读出电流与曝光时间存在准线性关系[图 5-13(b)]，而将读出电流转换为读出电荷Q_{re}后，Q_{re}和曝光时间t_{ph}呈现出高度线性的趋势[由式(5-2)拟合，图 5-13(c)]：

$$Q_{re}=t_{ph}^{\alpha} \tag{5-2}$$

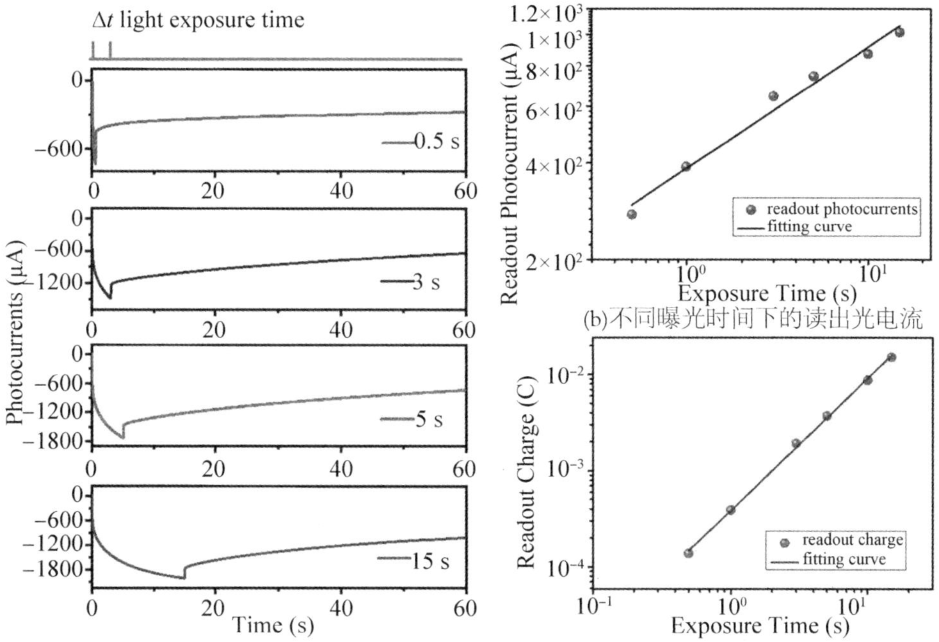

(a)具有不同曝光时间依赖性的记忆电流　(b)不同曝光时间下的读出光电流　(c)不同曝光时间下的读出电荷

图 5-13　石墨烯 - 有机体异质结光电晶体管读出特性与曝光时间的关系

虽然，体异质结确保了解离效率并提高了量子效率，允许利用更厚的光敏层以获得更高的响应电流，但由于有效激子距离的限制，活性层过厚依然会影响靠近石墨烯活性层的中下层和上层光生载流子的光吸收响应情况。如图 5-14 所示，可以看到，130 nm 体异质结中的响应电流相对较低。体异质结的上表面层吸收主要的光，大部分载流子在传输过程中被耗尽，导致活性层下半部分的吸光率较低，贡献的光电流有限。适中厚度(67 nm 体异质结)的器件在读出电流和存储电流方面都表现出相对较弱的存储能力。而与适中厚度的体异质结相比，虽然较薄(25 nm 体异质结)的体异质结的响应光电流较低，但是在读出电流和记忆电流上优于前者。

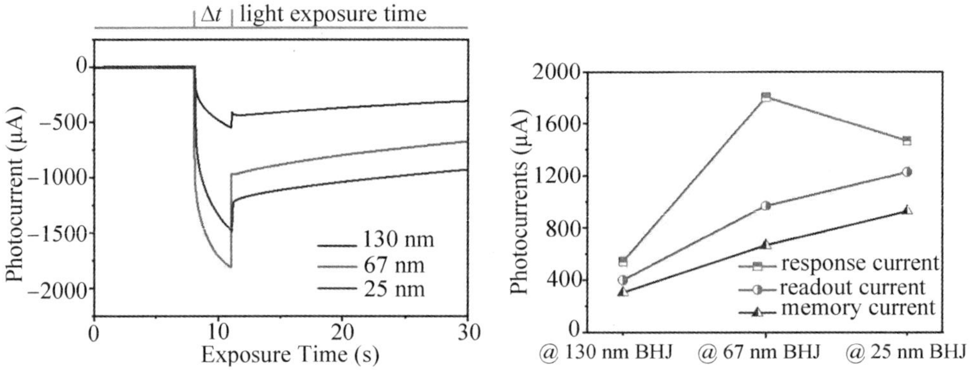

(a)时间分辨的响应和记忆电流　　(b)不同体异质结厚度的响应和记忆特征

图 5-14　石墨烯-有机体异质结厚度相关的光电晶体管响应和记忆特征

5.2.5 石墨烯-二元有机体异质结探测器的机器视觉应用

图 5-15(a)展示了用于评估近红外成像性能的 3×4 阵列。其中，每个探测单元代表一个像素。在本测试中，成像阵列由 9 个独立单元组成。双极响应映射模式分别在图 5-15(a)所示的 V_g = 10 V 和 V_g = 40 V 下测试，字母“H”图案在 940 nm 光照射下通过正光电流模式和负光电流模式分别映射，呈现出可重构的映射模式。可重构映射模式可以精确模拟两种类型的双极细胞——视觉感受场的开-关细胞[当接收光刺激时，开细胞(on cell)的反应是正的，而关细胞(off cell)的反应是负的]。此器件的功能类似于这些细胞，可以进行视觉处理的适当模拟[图 5-15(a)和(b)]。基于器件性能，实验构建了一个 3×3 的人工感受场，它由 1 个中心器件和 8 个周围器件组成。中心器件工作在负光电流响应状态，而周围的单元工作在正光电流响应状态。处理功能由灰度“离开”图像演示，如图 5-15(d)所示，卷积过程如图 5-15(b)所示。

通过控制 V_g，可以实现更多图像锐化功能[图 5-15(c)、(e)和(f)]，这意味着器件阵列的可重构性具有较大的潜能。例如，图 5-15(e)和(f)演示了两个附加功能——浮雕和模糊。这些不同的机器视觉演示可以增强某些图像的某些特征。传统的视觉电路系统通过将图像从相机传输到处理器来处理图像，这会导致传输过程中的能源浪费和效率损失。区别于传统的视觉电路系统，实时感知与处理可以避免杂乱信息的干扰，从而提高效率。

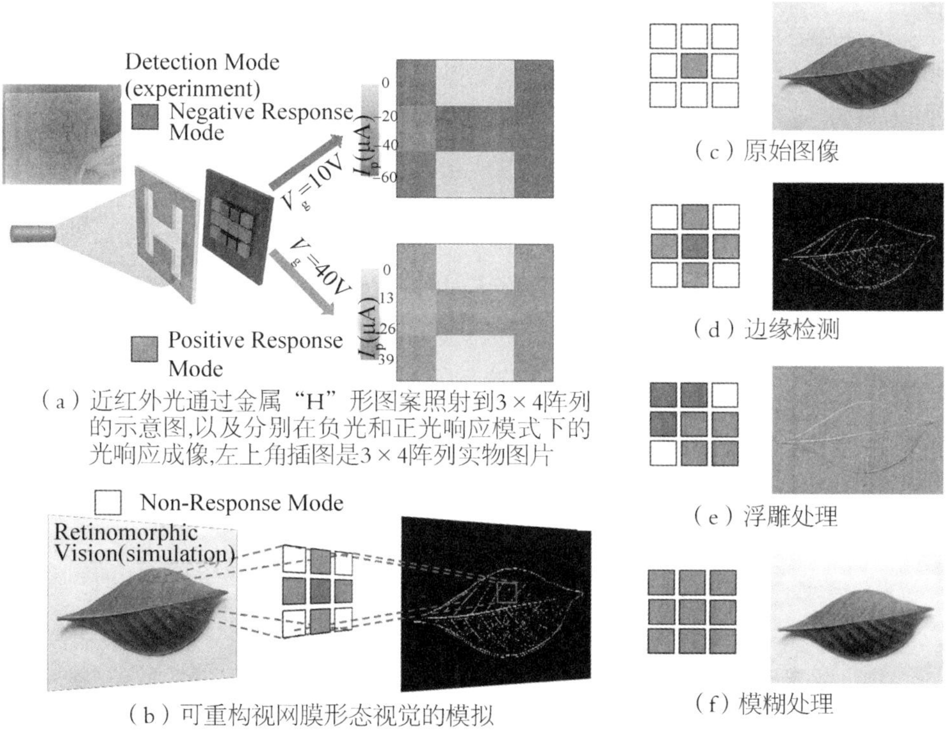

（a）近红外光通过金属“H”形图案照射到3×4阵列的示意图,以及分别在负光和正光响应模式下的光响应成像,左上角插图是3×4阵列实物图片

（b）可重构视网膜形态视觉的模拟

（c）原始图像

（d）边缘检测

（e）浮雕处理

（f）模糊处理

图 5-15　用于可重构视网膜形态视觉的石墨烯–有机体异质结光电晶体管平面阵列

此外，当 V_g 接近 −20 V 时，器件模拟了人类视觉系统的记忆预处理和遗忘过程[图 5-16(a)]。“H”图案的红外图像记忆如图 5-16(b)所示，只需要 1 个光脉冲便可完成光刺激学习过程。光刺激过程完毕后，可以观察到具有记忆效应的较暗的“H”图案。在进一步的遗忘过程之后，“H”图案消失了。所有这些过程都展示了基于光控阻变存储器阵列可重构多功能在近红外人工视觉的应用能力。

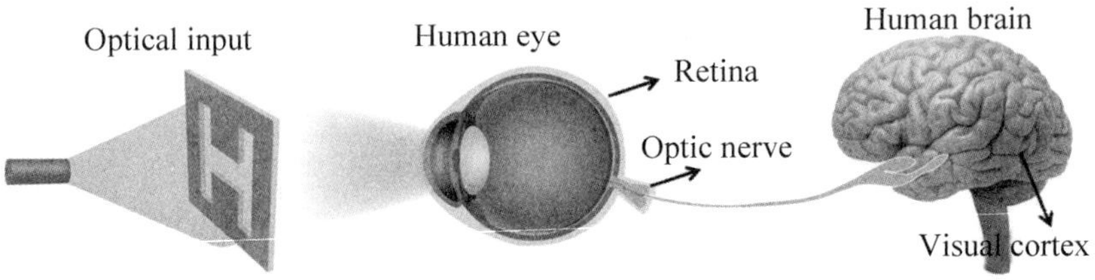

(a) 人类视觉系统的示意图

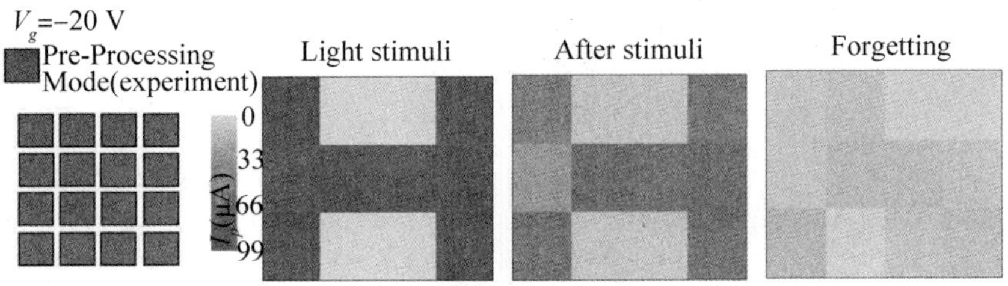

(b) 预处理工作模式下，字母“H”的图像记忆及遗忘测试情况（V_g = −20 V，940 nm 光输入，光脉冲宽度为 2 s，电栅极脉冲宽度为 1 s）

图 5-16　用于记忆预处理和遗忘过程的应用

5.3 本章小结

这种栅极可调多响应状态切换的光电晶体管在光存储和光探测方面都表现出了突出的性能。对于基于石墨烯的光电导器件，主要有两个实现高性能设计的方式：单层增强和双层平面异质结或体异质结。值得注意的是，大多数器件的平均响应时间超过 1 ms，并且在近红外范围内具有低光响应性。由于高效的多层异质结和有效能级排列顺序可以实现强束缚态，因此本章提出的石墨烯 - 有机体异质结光电晶体管可以在较快响应时间内表现出高探测器灵敏度，同时具有栅极控制的长期光存储特性。凭借设计合理的异质结结构，器件实现了超过 10^6 A/W 的近红外光响应，快速响应时间低至178 ms，相应的比探测率（D^*）高达 4.8×10^{12} Jones，并且可以实现具有写入和擦除功能的长程（10^4 s）近红外光记忆。另外，转移特性曲线的弯曲点可以进一步验证重置的 V_g 参考值。实验还对可调近红外光记忆现象进行了系统研究。最终，人工视觉中的近红外视网膜视觉和记忆预处理功能可以同时在此器件上实现。高性能近红外光响应和多功能人工视觉应用非常有利于设计具有快速和高光响应性特点的先进光电应用。

第六章

石墨烯－有机异质结与无机材料结合的探测器件

6.1 引言

虽然上述章节用不同的结构和工艺方法制备了高性能的石墨烯－有机异质结器件，但是器件的波长仍旧被限制在近红外 1100 nm 处（如石墨烯－ZnO－PTB7-Th：IEICO-4F）。即使波长可达到 1550 nm，器件的响应度仍然较低（如石墨烯－C_{60}－Pentacene）。另外，石墨烯－有机异质结制备的光电导器件的带宽往往较差，这使得其在高速应用中受限。上述缺点将影响相关器件在三个通信窗口（850 nm、1310 nm 和 1550 nm）的应用。

近年来，与新型二维材料 Bi_2O_2Se 相关的量子电子学和光电器件制造取得了一些实质性进展。此材料固有的空气稳定性、厚度依赖的带隙和高迁移率（20 000 $cm^2 \cdot V^{-1} \cdot s^{-1}$）等半导体特性，显示出其在近红外波段制作稳定、高速、高灵敏度光电探测器件的潜力[214-215]。然而，Bi_2O_2Se 固有的 0.8 eV 带隙和能带位置导致载流子较难被解离与收集从而产生响应，进而导致其在通信频段（1310 nm 和 1550 nm）难以被深度应用[214]。此外，为了获得高灵敏度探测能力，研究人员最初利用光栅极效应将 Bi_2O_2Se 与其他单组分材料结合以提高器件性能。Bi_2O_2Se 异质结的低响应速度（通常大于1 ms）、低探测率（小于 3×10^9 Jones）和有限的 1550 nm 响应率，限制了其光学应用的范围（如光通信、夜间视觉、医学成像）[194, 220-221]。因此，可基于有机－无机异质结形成合适的能带排列结构并将其与石墨烯结合，制作高响应度器件，以满足部分通信应用的需求。

6.2 石墨烯-有机-无机 type-Ⅲ异质结探测器与通信波段应用

6.2.1 石墨烯-有机-无机 type-Ⅲ异质结探测器的制备与表征

首先，将单层 CVD 石墨烯通过溶液法转移到 SiO_2-Si 的 N 型重掺衬底上。随后，通过热蒸发制备对称金电极以形成石墨烯沟道(沟道通路长 50 mm，宽 500 mm)。在 10^{-5} Pa 的真空条件下，6 nm 的 HAT-CN(在 280 ℃的温度下)的沉积速率为 0.05 nm/s。接下来，将上述温度做微小调整，随后将 0.05 nm/s 的起始沉积速度逐渐增加至 0.1 nm/s，对 HAT-CN 进行沉积。接着，将 13 nm 厚的 Bi_2O_2Se(在 710 ℃的温度下)沉积到 HAT-CN 上[图 6-1(a)]。薄膜的所有厚度均由 SQC-310 沉积控制器监测，不同材料的厚度都通过横截面 TEM 进行表征[图 6-1(a)和(b)]。在图 6-1 中可以观察到 6.8 nm 的 HAT-CN 和 13 nm 的Bi_2O_2Se具有清晰的界面边界。此外，薄膜的形态特征相对平坦且分布良好，由图 6-2(a)和(b)中的 AFM 进行表征。为了保证石墨烯、有机和无机薄膜的质量，实验还进行了如图 6-2(c)所示的拉曼光谱测试。2D 峰(2691 cm^{-1})、G 峰(1586 cm^{-1})和无 D 峰的出现，表明单层石墨烯的缺陷较小，而在连续蒸发制备 6.8 nm 的 HAT-CN 和 13 nm 的Bi_2O_2Se之后，石墨烯仍保持清晰的 2D 峰和 G 峰，说明器件制备过程未对石墨烯造成较大影响。由于厚度相对较薄，HAT-CN 的特征峰强度较弱。Bi_2O_2Se 的 A_{1g}特征峰出现在 156 cm^{-1}。

(a)光照下的器件示意图和异质结结构的横截面 TEM

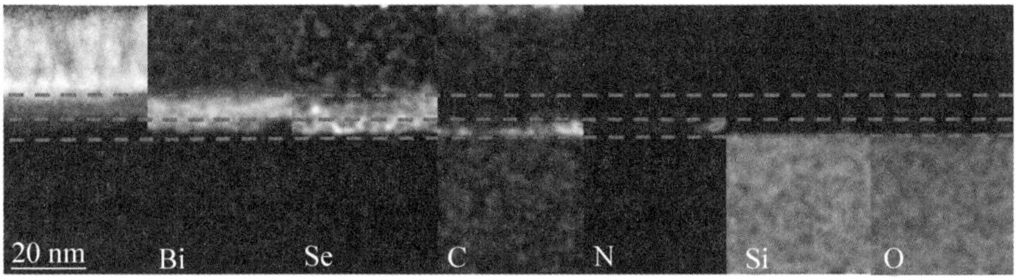

(b)器件横截面 TEM 与元素能量谱分布表征

图 6-1　石墨烯 - HAT-CN - Bi_2O_2Se 光电晶体管的形态表征和结构

在此异质结中，石墨烯充当收集载流子的沟道，HAT-CN - Bi_2O_2Se 异质结充当主要的光吸收层。如图 6-2(d)所示，Bi_2O_2Se 在可见光到近红外区域具有较强的宽带吸收能力，这有助于在器件中实现从可见光到近红外光的宽光谱光响应，这与 Bi_2O_2Se 的带隙为 0.8 eV 相符合，并且 HAT-CN 的 3.8 eV 带隙几乎与测得的吸收峰重合[图 6-2(d)中的 323 nm]，也印证了本器件中的可见 - 近红外响应几乎全部来自 Bi_2O_2Se。HAT-CN 由于其较低的 LUMO 能级在有机电池中常被用作空穴传输层。因此，在此多层石墨烯 - 有机 - 无机异质结中，Bi_2O_2Se 主要作为光生载流子的束缚层，而 HAT-CN 主要作为传输层将 Bi_2O_2Se 产生的光生电子传导进入石墨烯沟道，最终产生响应。

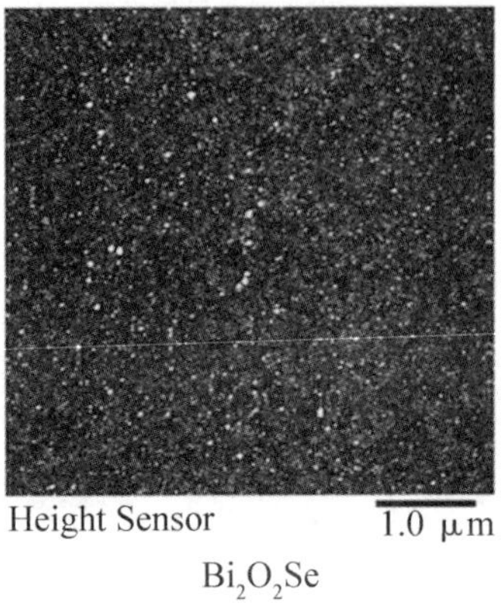

(a) HAT-CN 的 AFM 测试

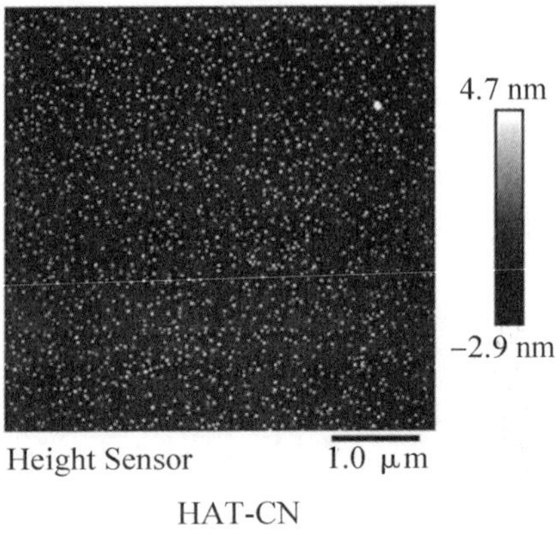

(b) Bi_2O_2Se 的 AFM 测试

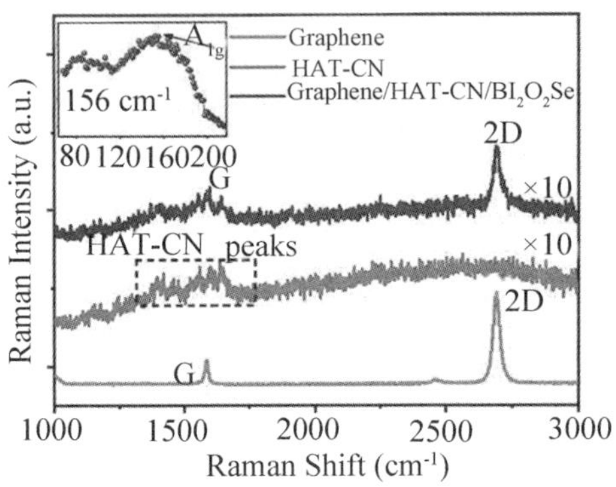

(c) 石墨烯 - HAT-CN - Bi_2O_2Se 异质结的拉曼光谱表征

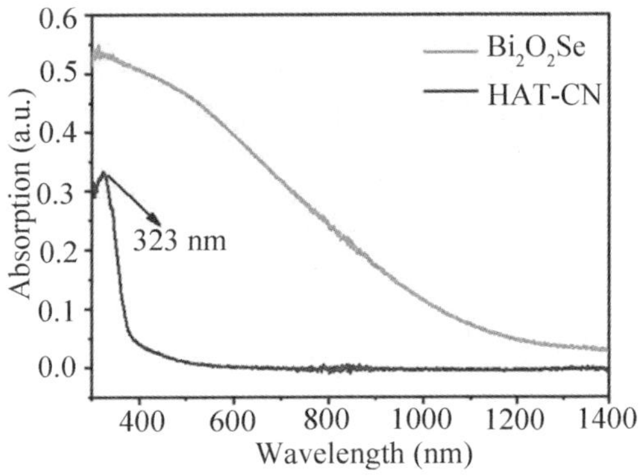

(d) HAT-CN 和 Bi_2O_2Se 的吸收光谱

图 6-2 材料的基本表征

6.2.2 石墨烯 - 有机 - 无机 type-Ⅲ异质结探测器的宽波段响应

接下来，实验探究了石墨烯 - HAT-CN - Bi_2O_2Se 的光电特性。基于图 6-3(a) 中的线性 *I-V* 曲线，石墨烯展现了与对称电极的欧姆接触情况，从而可以排除其他材料产生的金半接触光响应。在不同波长的照射下，从

520 nm 到 1550 nm 所有波段的光电流都呈现出负响应，如图 6-3(b)所示，这表明光导致了石墨烯的 N 型掺杂。HAT-CN 是具有 5.6 eV 的 LUMO 能级(9.4 eV 的 HOMO 能级)的 N 型有机小分子，而 Bi_2O_2Se 是具有 4.3 eV(5.1 eV)导带(价带)的 N 型二维材料[222-223]，因此它们可以形成 N-N 型 type-Ⅲ结，如图 6-3(c)所示。由于 HAT-CN 较大的电子亲和力，这种 type-Ⅲ型异质结会促使光生电子从 Bi_2O_2Se 转移到 HAT-CN。在可见光或近红外光(520～1550 nm)的照射下，Bi_2O_2Se 中的光生电子将注入 P 型石墨烯沟道，产生负响应。另外，石墨烯费米能级 P 掺杂位置和 HAT-CN 较低的 LUMO 能级，可以使得原本被束缚在 Bi_2O_2Se 中的光生空穴能够快速回到石墨烯沟道中与沟道中注入的电子复合，以提高响应恢复速度。在 1 V 的恒定电压和 60 mW/cm^{2}的光照条件下，该器件在 685 nm 处可以获得 115 μA 的最大光电流，在 1550 nm 处可以获得 5.1 μA 的光电流。图 6-3(d)展示了器件的转移特性曲线。与无光曲线相比，光照下的转移曲线有明显的负偏移，表明了沟道中的 N 型掺杂情况。同时，该器件在通信波段(850 nm、1310 nm、1550 nm)也表现出良好的稳定性和可重复的开关操作[图 6-4(a)]。光电流与功率呈现一一对应关系，为器件在通信波段的应用提供了先决条件[图 6-4(b)]。

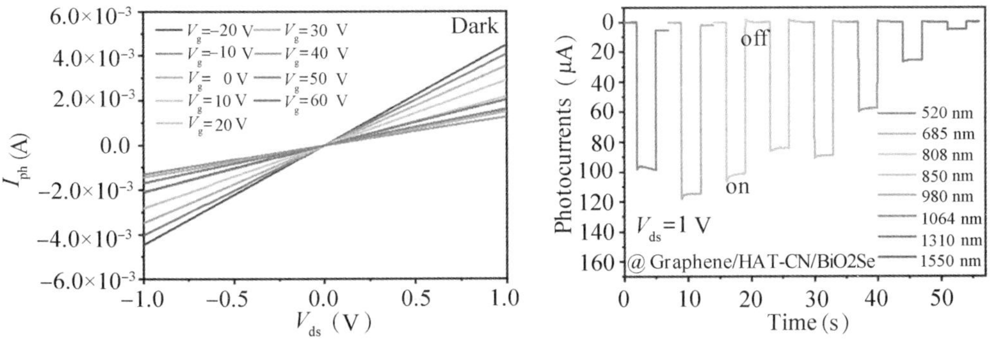

(a)器件输出特性曲线

(b)不同输入波长下的与时间相关的瞬态光电流

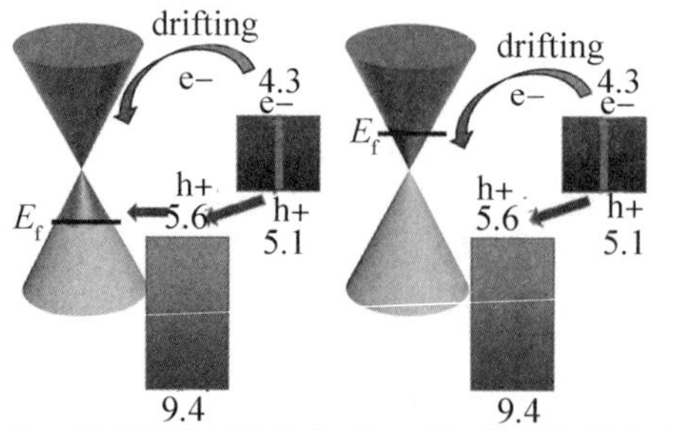

（c）异质结光电晶体管中 type-Ⅲ型能带排列的电荷传输原理

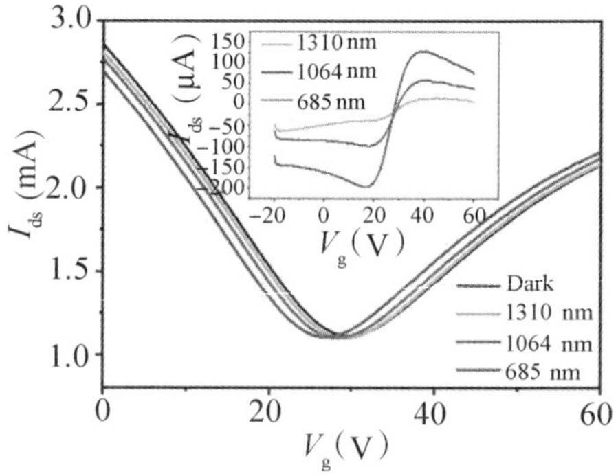

（d）器件的转移特性曲线，偏压为 1 V

图 6-3　石墨烯－HAT-CN－Bi_2O_2Se 光电晶体管的宽带响应和传输特性

为了深入了解石墨烯－HAT-CN－Bi_2O_2Se 光电晶体管的电荷转移机理，除了光电导器件的源漏极偏压实现光电流贡献的线性变化外［图 6-5（a）］，实验还进行了光照下随 V_g 的变化的光响应开关测试［图 6-5（b）］。随着 V_g 的增加，可以观察到显著的光电流极性变化。一般情况下，转移特性曲线的光照态与暗态之间有一个交点（V_0）［如图 6-3（d）所示，V_0 大约为 27 V］。当施加的 V_g < 27 V 时，石墨烯中的空穴占主导地位；当施加的 V_g > 27 V 时，电子在石墨烯沟道中占主导地位。在光的照射下，Bi_2O_2Se 提供的光生电子是漂移到石墨烯中的主要载流子。随着 V_g 的增加，石墨烯的空穴浓度会降低，费米能级在锥形能带内向上移动。石墨烯较高的费米能级将削弱内建场并减轻电子路径向石墨烯的弯曲［图 6-3（c）］。

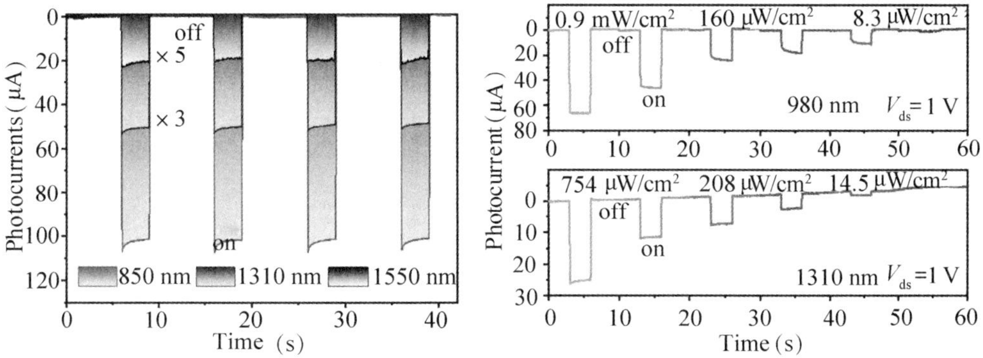

(a)通信频段(850 nm、1310 nm、1550 nm)的稳定性和重复性测试　　(b)不同输入光功率的电流变化情况

图 6-4　石墨烯 - HAT-CN - Bi_2O_2Se 光电晶体管的通信波段测试

随着 V_g 的增加，来自 Bi_2O_2Se 的光生电子进入石墨烯通道的概率降低，导致正响应电流变小[图 6-5(b)]，并且最终导致负向翻转。当电子在石墨烯通道中占主导地位时，器件出现正响应[图 6-5(b)]。如图 6-3(c)所示，当石墨烯的费米能级较高时，原本束缚在 Bi_2O_2Se 中的光生空穴很难进入石墨烯中。可以观察到，器件在较高 V_g 下的恢复时间延长，表明 Bi_2O_2Se 中束缚的光生空穴很难注入石墨烯[图 6-5(c)和(d)]。

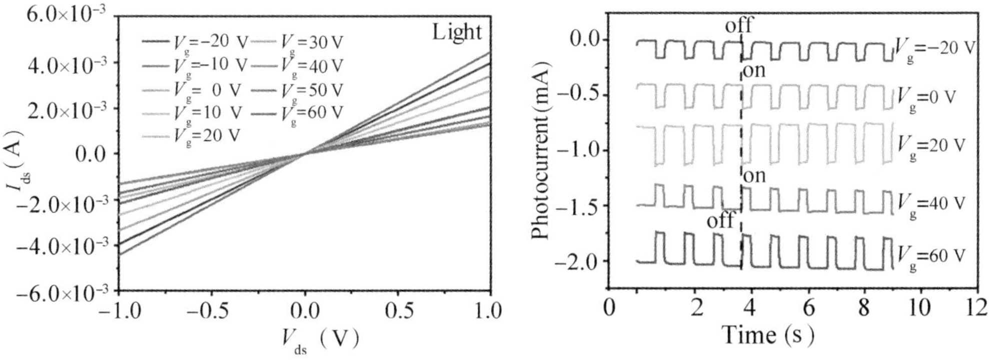

(a)光照下的输出特性曲线　　(b)不同栅极电压下的光电流极性翻转

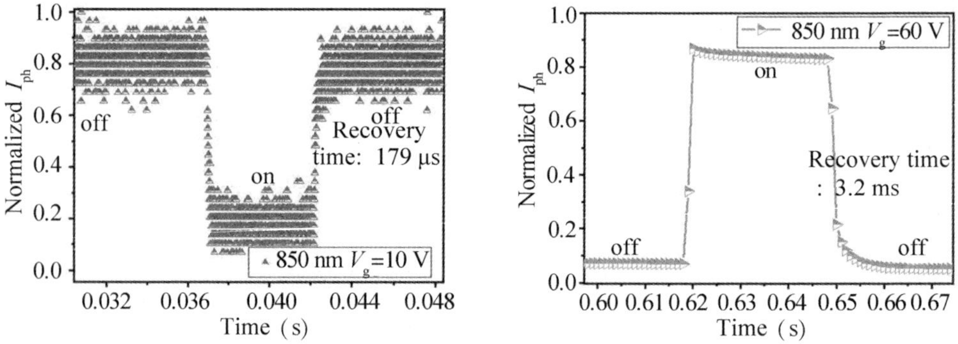

(c)器件在 10 V 栅极电压下的响应恢复速度　　(d)器件在 60 V 栅极电压下的响应恢复速度

图 6-5　石墨烯 – HAT-CN – Bi_2O_2Se 的电荷载流子输运特性

为了更清楚地区分光电探测性能的变化并凸显有机小分子 HAT-CN 的效果，图 6-6 展示了具有相同厚度 Bi_2O_2Se 的对照器件石墨烯 – Bi_2O_2Se。石墨烯 – Bi_2O_2Se 在宽波段光照射下表现出明显的转移曲线左移[图 6-6(a)]，这与石墨烯 – HAT-CN – Bi_2O_2Se 的响应情况一致。Bi_2O_2Se 与石墨烯形成的有效肖特基型内建电场，会使 Bi_2O_2Se 中产生的大量光生电子注入石墨烯[图 6-6(b)]。

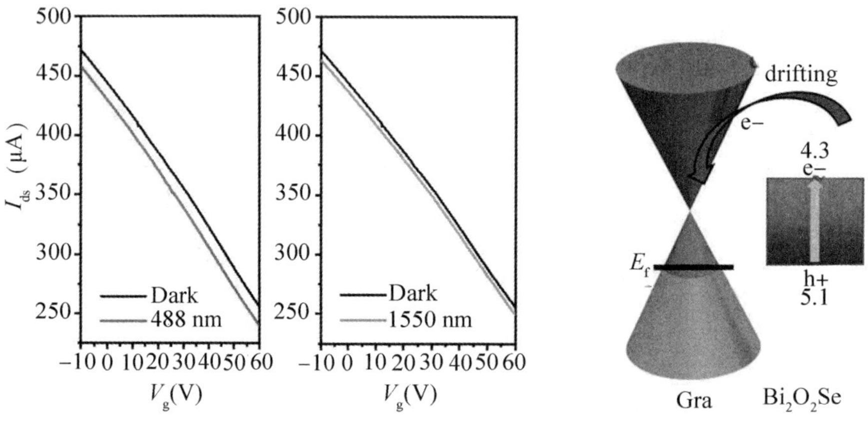

(a)不同波长下的转移特性曲线　　(b)石墨烯 – Bi_2O_2Se 的能带示意图

图 6-6　石墨烯 – Bi_2O_2Se 对照组器件的光电响应测试

石墨烯 - Bi_2O_2Se 光电晶体管表现出从 488 ～1550 nm 的宽带负响应，并且其光电流大小趋势几乎与 Bi_2O_2Se 的吸收趋势一致[图 6-7 和图 6-2(d)]。在 1 V 的恒定电压和 60 mW/cm^2 的光照射条件下，石墨烯 - Bi_2O_2Se 对照组器件在 488 nm 处获得 318 μA 的最大光电流，在 1550 nm 处获得 34 μA的光电流(图 6-6)。此外，石墨烯 - Bi_2O_2Se 光电晶体管各个波段的响应在恢复部分的曲线中有明显的弯曲。

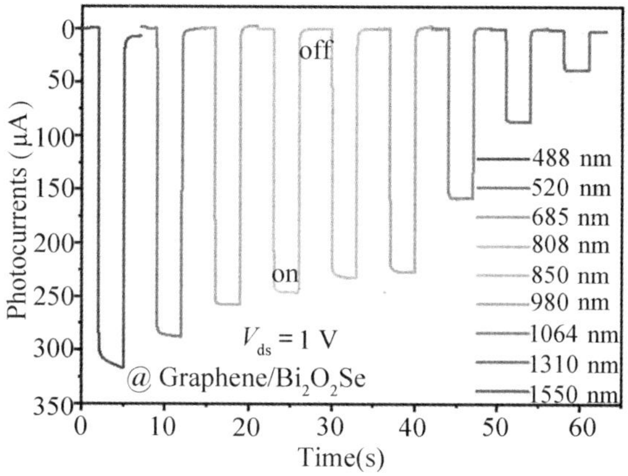

图 6-7　石墨烯 - Bi_2O_2Se 对照组器件的宽谱瞬态响应情况

6.2.3　石墨烯 - 有机 - 无机 type-Ⅲ异质结探测器的探测性能

低光强下的探测能力反映了光电探测器的性能，与功率相关的光电流可以通过式(2-6)来拟合。拟合数据显示出亚线性行为(图 6-8)。石墨烯 - HAT-CN - Bi_2O_2Se 器件呈现的线性拟合系数 β(0.371 @1310 nm、0.257 @980 nm、0.351 @685 nm)高于石墨烯 - Bi_2O_2Se(0.27 @1310 nm、0.058 @980 nm、0.148 @685 nm)(图 6-8)，再次表明 type-Ⅲ 型能带排布导致了石墨烯 - HAT-CN - Bi_2O_2Se 中的弱束缚态。

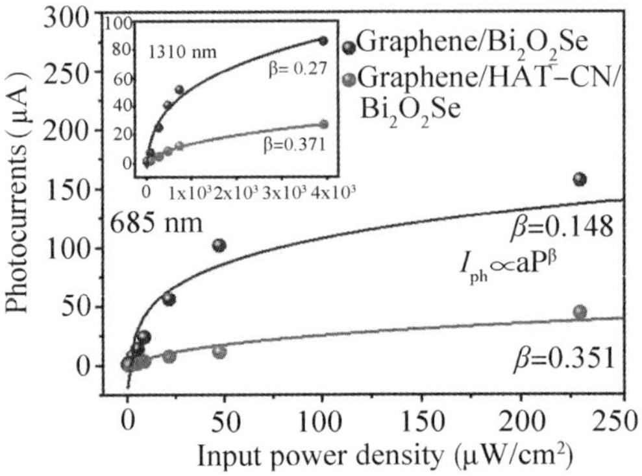

(a) 输入光的波长为 685 nm 和 1310 nm

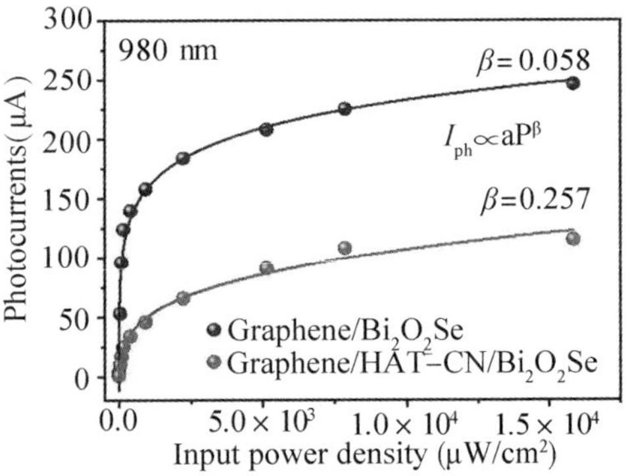

(b) 输入光的波长为 980 nm

图 6-8　两组对照组器件的输入功率密度与光电流的拟合关系

光响应度是一个关键的探测参数，可以通过测试的光电流与输入功率之比，即式(2-2)计算得出。基于图 6-8 中 I_{ph} 和 P 之间的关系，计算得到的器件从 488 ～1550 nm 的光响应度如图 6-9(a)所示。随着输入光功率密度的降低，响应度达到最大值，然后在不同输入波长的对应饱和区域波动[图 6-9(a)]，饱和区的转换点在 850 ～980 nm 入射波长下约为100 μW/cm^2。对于可见光响应，其饱和区域不易分辨(小于 10 μW/cm^2)。此外，石墨烯 - HAT-CN - Bi_2O_2Se 器件中的束缚态减弱使得光电流减小，限制了器件的最小探测功率密度，原本可探测到的输入光功率所贡献的光电流可能被背底噪声所淹没。最终，石墨烯 - HAT-CN - Bi_2O_2Se 器件的最大光响应在 488 nm 下可达到 2420 A/W，在近红外区域实现了 68 A/W @ 1310 nm 和 23 A/W @ 1550 nm[图 6-9(b)]的响应性能。此外，石墨烯 - Bi_2O_2Se 对照组器件的响应度提高了近 6 倍。

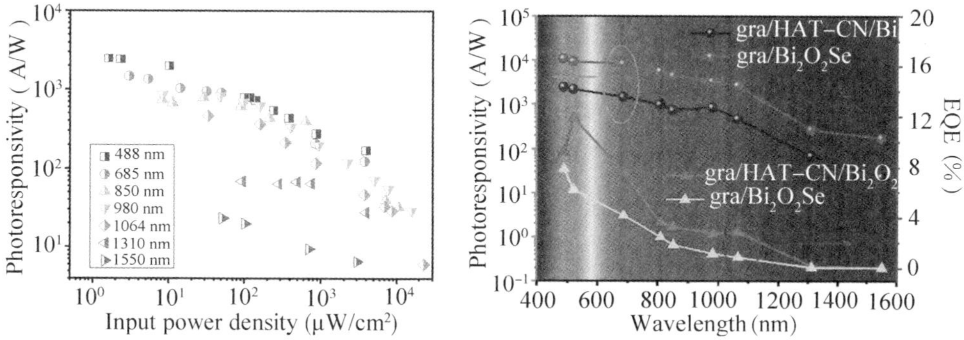

(a)不同光功率密度下的光响应度　　(b)随光谱变化的 EQE 和光响应度

图 6-9　器件的响应度

无缺陷的高质量石墨烯提供了高迁移率沟道，确保了器件能够进行高速的光学工作，同时也为收集光生载流子和电调制提供了有效和快速的途径。有关石墨烯 - HAT-CN - Bi_2O_2Se 光响应的高分辨率瞬态时间测试如图 6-10(a)和(b)所示。在通信波段，光响应在 850 nm 显示出快速的开 - 关过程[94 μs 响应时间和 101 μs 恢复时间，图 6-10(b)中为 177 μs - 145 μs @ 1310 nm]。在接近吸收峰时，响应和恢复时间可以分别达到约 197 μs 和 188 μs[图 6-10(c)]。由于能带排列(HAT-CN 的电子吸引能力和能带排列提供的空穴通道)和Bi_2O_2Se的高迁移率，Bi_2O_2Se 中光生束缚的空穴可以通过带间隧道效应穿过 HAT-CN 的 LUMO 能级传输。随后，这些空穴迅速进入石墨烯与沟道中的光生电子复合，从而使器件获得相对较低的增益和较快的恢复时间。图 6-10(d)显示全波段响应速度都有大幅度提高。另外，与石墨烯 - Bi_2O_2Se 相比，石墨烯 - HAT-CN - Bi_2O_2Se 的恢复时间提高了近 15 倍[图 6-10(c)和(d)]。实验还表明中间传输层 HAT-CN 的厚度会显著影响器件的载流子传输情况(图 6-11)。

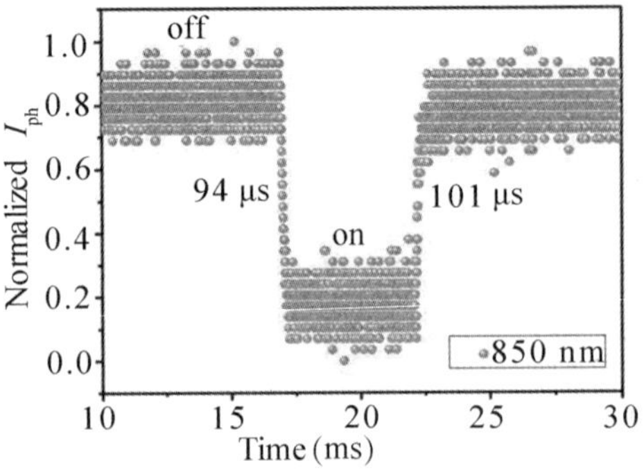

(a) 850 nm 的光响应速度

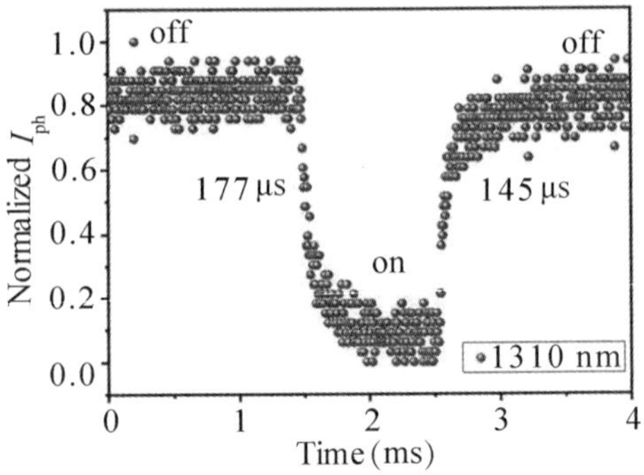

(b) 1310 nm 的光响应速度

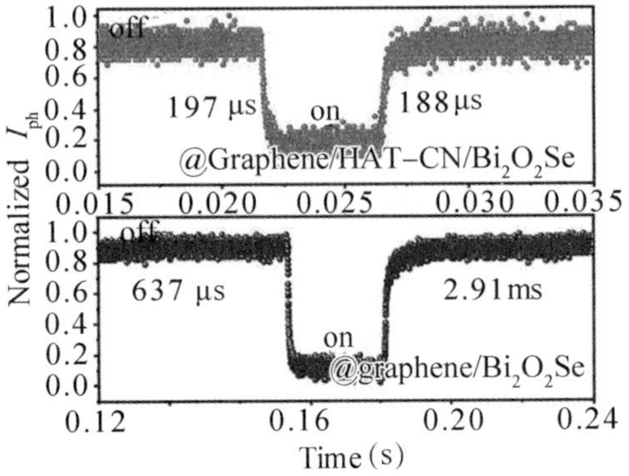

(c) 两个对照组异质结光电晶体管中的高分辨时间测试

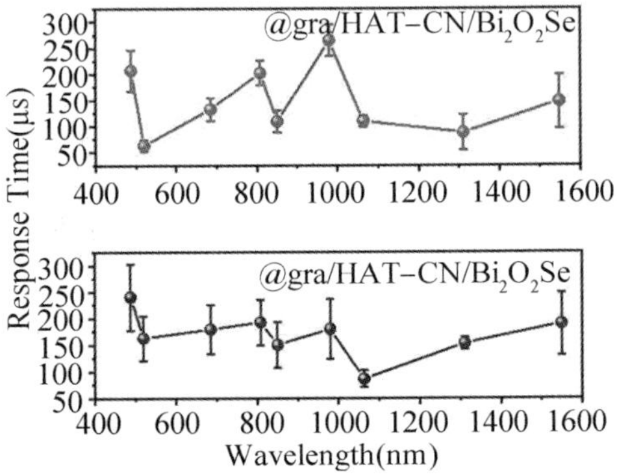

(d) 与波长相关的响应速度和恢复速度

图 6-10　石墨烯 - HAT-CN - Bi_2O_2Se 器件的响应速度测试

对照组器件的性能受 HAT-CN 厚度的影响，适当的厚度可以有效地削弱 Bi_2O_2Se 的束缚状态。但是，当 HAT-CN 厚度超过有效激子传输距离时，器件的恢复时间会增加到毫秒。石墨烯 - HAT-CN - Bi_2O_2Se 展现出优化的 3 dB带宽，但与石墨烯 - Bi_2O_2Se 相比牺牲了部分响应度。另外，较薄的 HAT-CN 可能导致成膜的性能变差，进而导致响应速度变慢。HAT-CN 的厚度越薄，会使得器件的响应越来越接近石墨烯 - Bi_2O_2Se 的响应，因此响应会略微上涨至 156 A/W(图 6-11)。

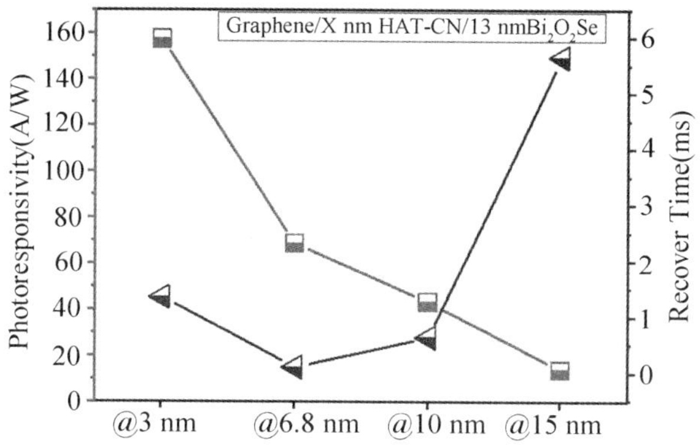

图 6-11　不同厚度的 HAT-CN 器件在 1310 nm 处的响应度和恢复时间

弱光强度下的探测能力不仅取决于良好的界面(高效的载流子分离率)，还依赖于器件的噪声水平。为了评估器件比探测率的适用带宽，实验测量了两个对照组器件的截止频率[图 6-12(a)和(b)]。由于其优化的响应速度与响应恢复速度，石墨烯－HAT-CN－Bi_2O_2Se 器件可以在通信波段 1310 nm 处实现 2 kHz 的 3 dB 带宽。与石墨烯－Bi_2O_2Se 相比，石墨烯－HAT-CN－Bi_2O_2Se 的响应时间和恢复时间在 3 dB 带宽上显著增强了 5 倍[图 6-12(b)]。石墨烯光电导器件需要驱动电压来收集光生载流子，但会产生较高的散粒噪声。另外，在高工作频率下，闪烁噪声在噪声中占主导地位，如图 6-12(c)所示。在固定偏压下，闪烁噪声为主要诱导的比探测率可由式(2-3)计算得到。基于图 6-12(c)中的器件 1－f 噪声特性测试，在图 6-12(d)中绘制了与波长和工作频率二元相关的比探测率色谱图。

如图 6-12(d)所示，在低频范围(1～10 Hz)，由于波动的闪烁噪声贡献，噪声谱密度(S_n)为 4×10^{-9}～1×10^{-8} $A/Hz^{1/2}$。因此，在低频工作环境下，器件的比探测率仅为 4×10^7～8×10^9 Jones[图 6-12(d)]。当工作频率接近 2 kHz 时，石墨烯－HAT-CN－Bi_2O_2Se 器件在 488～1064 nm 波段的比探测率可超过 5×10^{10} Jones，甚至在 1310 nm 波段的比探测率也达到近 4

$\times 10^9$ Jones。这些较好的通信波段比探测率性能为器件在通信波段的应用作了良好铺垫。器件在488 nm处的最大比探测率高达 1.2×10^{11} Jones，与对照组器件石墨烯 – Bi_2O_2Se 在 488 nm 处的 8.6×10^{10} Jones 的比探测率相比，提高了 1.4 倍。

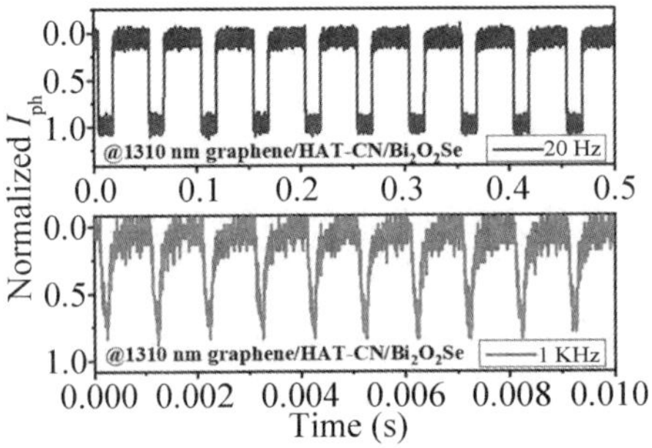

(a)光开关频率为 20 Hz 和 1 kHz 的光响应波形

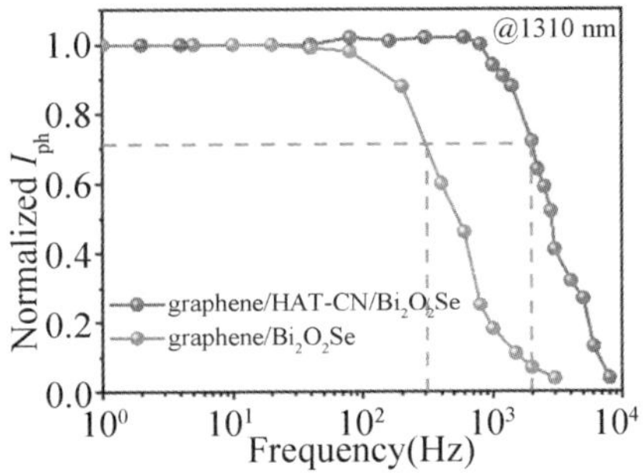

(b)频率相关光电流的 3 dB 带宽测试

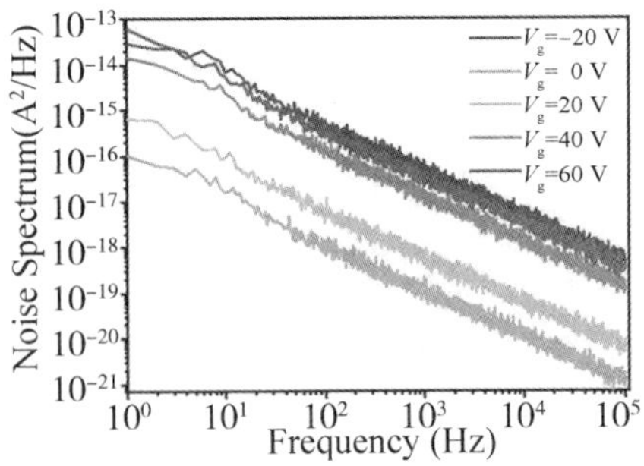

(c)施加恒定电压 1 V 时，不同 V_g 值下器件的 1 – f 噪声分析

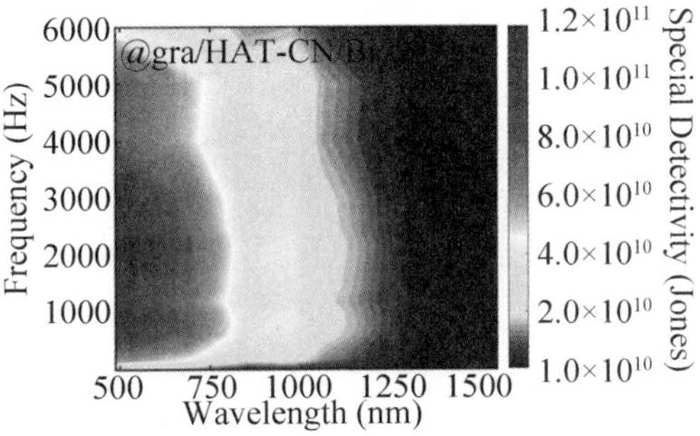

(d)随频率和入射光波长变化的比探测率色谱图

图 6-12　器件的 3 dB 带宽测试和比探测率表征

6.2.4　石墨烯 – 有机 – 无机 type-Ⅲ异质结探测器的通信波段应用

此外，实验还展示了石墨烯 – HAT-CN – Bi_2O_2Se 的 3 × 3 阵列，用于探索大规模阵列生产的潜力[图 6-13(a)]。实验在四个选定的位置进行了重复

开关的光电流测试[图 6-13(b)]，各个器件的响应都较为均匀与稳定。光源穿过图案“H”阴影掩模用作评估完整性阵列图像的输入信息如图 6-13(c)所示。在 1550 nm 光照下，可以观察到清晰而简单的图案“H”[图 6-13(d)]。

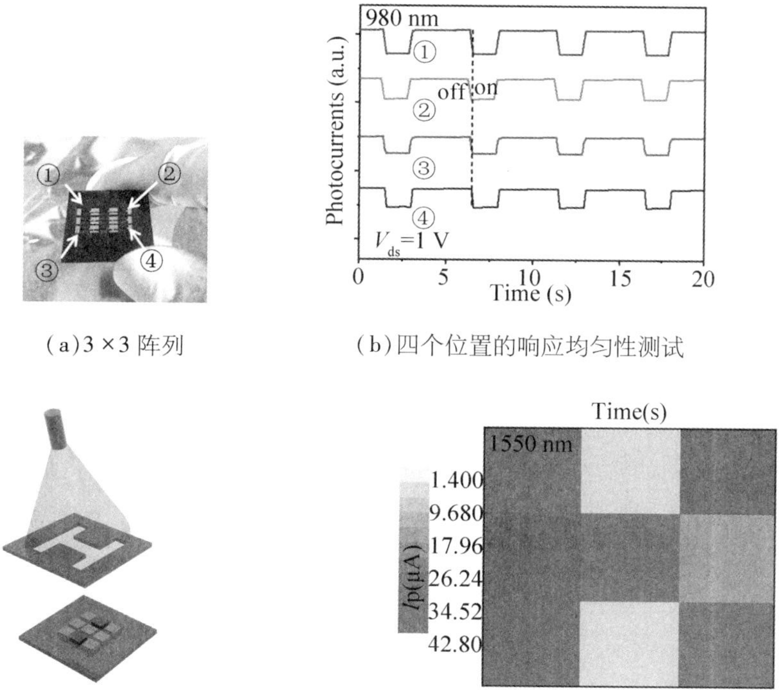

(a)3×3 阵列

(b)四个位置的响应均匀性测试

(c)图案“H”阴影掩模成像的示意图

(d)在 1550 nm 照射下 3×3 阵列的光电流贡献图

图 6-13　响应均匀性和简单近红外掩膜成像的石墨烯-HAT-CN-Bi_2O_2Se 阵列

为了展示此器件的通信潜力，实验还进行了 ASCII 码的信息传输通信功能演示(图 6-14)。传输 8 位 ASCII 码所代表的信息时，利用随时间调制的电控开闭器可以控制输入光的开关以实现逻辑信号 1 或 0 的输出。探测器作为收集信号的直接载体对收集到的光信号进行光电转换，输出电信号由测试源表获得。通过这种方式，实验可以将收集到的 ASCII 码转换为相关字母信息并将其编译为最终接收的信息。

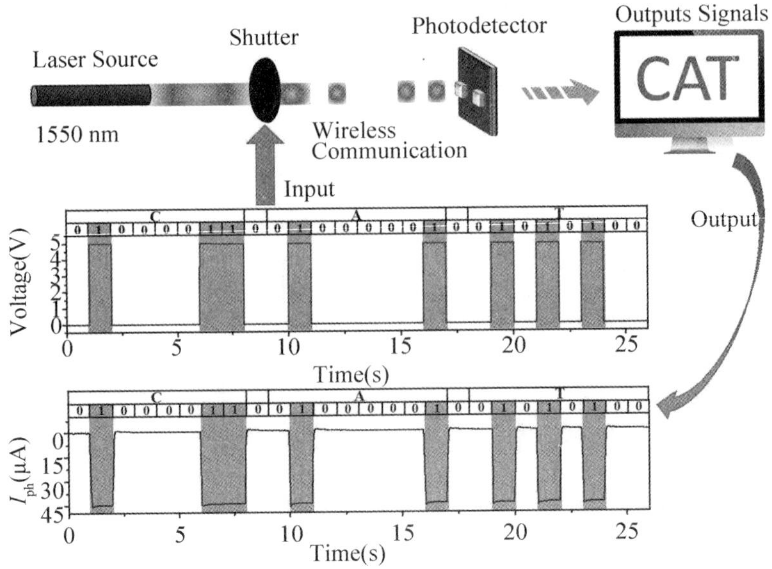

图 6-14 通信系统应用于石墨烯 - HAT-CN - Bi_2O_2Se 器件，在 1550 nm 波长下传输 ASCII 码“CAT”

6.3 本章小结

本章展示了石墨烯结合 type-Ⅲ型有机 - 无机异质结 HAT-CN - Bi_2O_2Se 的响应情况，结果显示，器件的通信频段工作带宽和比探测率得到了提高。此外，实验全面分析了光电探测器件的探测性能，揭示了 N-N 结 type-Ⅲ型器件的电荷转移条件和机制。HAT-CN 为实现 101 μs 的恢复速度提供了有效且快速的路径，最终使 3 dB 带宽提高了 5 倍。HAT-CN 提供的强电子亲和力和有效的空穴传输通道，可以平衡原本石墨烯 - Bi_2O_2Se 的载流子束缚态与载流子解离情况，这使得石墨烯 - HAT-CN - Bi_2O_2Se 在通信波段的响应速度和比探测率有了明显提升。3 × 3 阵列的实现为未来多层异质结焦平面近红外图像系统的制备铺平了道路。实验还进行了 ASCII 码的信息传输功能演示以展示器件的通信潜力。

第七章

石墨烯-有机电荷转移复合物探测器

7.1 引言

作为石墨烯-有机异质结中光电探测的主要吸收层或响应层，典型有机材料的带隙被限制在1.0～3.0 eV左右，难以满足中红外和远红外波长探测的需求，这可能会阻碍石墨烯-有机体在红外长波探测方面的应用和发展[74, 143]。虽然，上述章节内容如非富勒烯受体的出现部分解决了开路电压的损耗，适当拓宽了吸收范围，但由于其带隙在1.2 eV附近，仍然只覆盖了近红外区域，距离中红外区域还有很长的距离。随着有机掺杂剂的出现，研究人员使用小分子掺杂剂对共轭有机分子进行掺杂，这类可控的掺杂手段为调控有机材料的电输运、光吸收和形态等特性提供了便利。例如，常见的聚合物P3HT在高电子亲和能材料F4TCNQ的作用下被P掺杂，由于其较强的能带耦合产生了较窄的带隙，这种复合材料类型被称为有机电荷转移复合物。有机电荷转移复合物的带隙可以达到0.3～0.4 eV，涵盖中红外波段，为石墨烯-有机异质结光电探测器实现高性能中红外探测提供了有利条件。在本章中，实验引入有机电荷转移复合物，并测试其基本特性，同时通过优化制备工艺和设计不同结构的中红外光电探测器，最终拓宽石墨烯-有机异质结光电探测器的探测波长范围。

7.2 有机电荷转移复合物机理介绍

研究人员探索了一系列整数电荷转移复合物，如噻吩-TCNQ体系。这类复合物主要由 type-Ⅱ型或准 type-Ⅲ型能带排列的给体-受体异质结组成，给体的费米能级一般超过受体，这将导致两者接触之后电子从受体转移到给体[224]。由于给体-受体之间的键合和受体诱导的负阴离子的影响，该系统中将出现一个新的窄带隙，并且新的带隙可以通过式(7-1)计算[144-145]：

$$E_{\mathrm{CTCgap}}=2\sqrt{(H_c\text{-}L_d)^2+4\gamma^2} \tag{7-1}$$

式中，E_{CTCgap}表示电荷转移复合物或超分子的带隙；H_c和L_d分别是共轭材料的 HOMO 能级和掺杂剂的 LUMO 能级；γ 是谐振积分。对于 P3HT：F4TCNQ电荷转移复合物来说，基于 Holstein 模型计算出的中红外区域和可见光区域的光谱峰高度吻合。正极化子是影响可见光吸收的主要因素。同时，较小的结合能表明在电荷转移复合物中发生了明显的激子离域[145]，但由于窄带吸收需要合适的能带材料来匹配解离以实现高效光电探测，因此这种激发过程可能会在长波长下造成较低的量子效率。通常情况下，形成的电荷转移复合物的情况可以通过 FTIR 光谱进行判断。

7.3 有机电荷转移复合物的制备与基本光电特性测试

先各自称量 5 mg 的 P3HT(2 份)、1.5 mg 和 2.5 mg 的 F4TCNQ，倒入棕色小试剂瓶中，接着分别注入 1 mL 的氯苯溶剂进行充分溶解，在搅拌台 60 ℃加热条件下充分搅拌溶解 12 小时，如图 7-1(a)所示。将溶解完备的 P3HT、F4TCNQ 混合，并保证其在搅拌台 60 ℃加热条件下混合 5 分钟，观察到混合溶液快速变为黑色，如图 7-1(b)所示。在 P3HT 和 F4TCNQ 的混合过程中形成的电荷转移复合物的共轭分子链变长使得其溶解度大幅度降低，因此为了能够有效成膜，旋涂过程中对温度和时间的控制尤为关键。电荷转移复合物析出聚集等情况会导致旋涂成膜效果变差或者无法成膜。

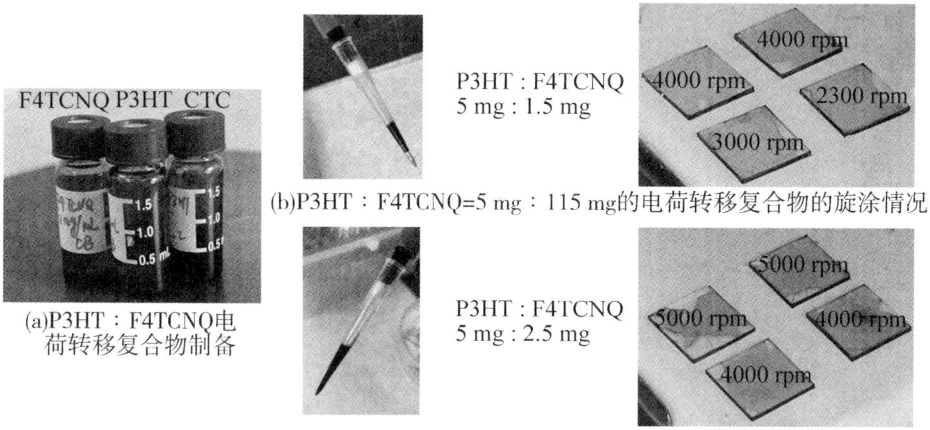

(a)P3HT：F4TCNQ电荷转移复合物制备

(b)P3HT：F4TCNQ=5 mg：115 mg的电荷转移复合物的旋涂情况

(c)P3HT：F4TCNQ=5 mg：215 mg的电荷转移复合物的旋涂情况

图 7-1　有机电荷转移复合物的准备和成膜过程

为了优化成膜，应提前预热需要进行旋涂的石英衬底(在 80 ℃热台上烘烤 10 分钟)，待加热完成的石英衬底放置在旋涂机上时，立即进行旋涂。实验对不同 P3HT 掺杂比例的(P3HT：F4TCNQ =5 mg：1. 5 mg 和 5 mg：2. 5 mg)电荷转移复合物进行了成膜探究[图 7-1(b)和(c)]，观察发现对于低掺杂浓度的 P3HT：F4TCNQ 电荷转移复合物[图 7-1(b)]，其成膜较为均匀，但是相较于高掺杂浓度的膜颜色较浅。高掺杂浓度的 P3HT：F4TCNQ 电荷转移复合物[图 7-1(c)]的部分薄膜出现在高转速下依然无法将溶液完全展开的情况。在 4000 r/min 转速下，有时会出现析出聚集的情况，因此基于常规溶剂的旋涂在制备电荷转移复合物薄膜上还有改进优化空间。

实验发现，较高掺杂率虽然提高了器件对中红外区域的光吸收但成膜情况较差，因此为了获得较厚的电荷转移复合物以保证较高的吸收系数，实验对有机电荷转移复合物的成膜工艺情况进行了探究。第一次旋涂成膜实验表明有机电荷转移复合物容易快速聚集，因此实验针对性地提出了两种优化改进方式。第一种改进方式是利用有机旋涂常用的二次旋涂在第一层界面成膜，第二种改进方式是直接混合滴涂，减小溶解度较低的电荷转移复合物的聚集概率。另外，实验还发现氯苯溶剂对 F4TCNQ 的溶解能力有限，当 F4TCNQ 的浓度超过 2 mg/mL 时需要加热进行溶解，因此还需探究改换不同溶解 F4TCNQ 溶剂的对比实验。

如图 7-2 所示，实验进行了顺序旋涂法制备 P3HT：F4TCNQ 电荷转移复合物的对照实验。实验首先进行了 P3HT 和 F4TCNQ 均用氯苯作溶剂的旋涂实验，不同的变量在于第二次旋涂方式是否为滴涂[图 7-2(a)]。具体参数与第一组实验相同，P3HT 溶解于氯苯中的浓度为 5 mg/mL，F4TCNQ 溶解于氯苯中的浓度为 2.5 mg/mL。在第一步旋涂(旋涂速率为 4000 r/min，时间为 60 s)完成及 120 ℃(30 min)退火结束后，对 P3HT 进行第二步旋涂。如图 7-2(a)左所示为两次均为旋涂的成膜状况，第一层膜没有太明显地受到第二次旋涂溶剂清洗的影响，但是第二次旋涂的 F4TCNQ 并没有完全摊开，部分区域仍然是偏红色的 P3HT 薄膜。如图 7-2(a)右图所示，第二次使用滴涂形成的膜可以呈现较为大面积的掺杂效果，但是部分位置被第二次旋涂所清洗。

(a)两次旋涂均用氯苯作为溶剂　(b)第一次旋涂使用氯苯溶剂，第二次旋涂使用氯仿溶剂

图 7-2　顺序旋涂法制备 P3HT：F4TCNQ 电荷转移复合物的成膜探究

改用氯仿溶剂可使 F4TCNQ 溶解得更加完全，即使 F4TCNQ 的浓度在

2 mg/mL时也不需要进行加热溶解，但是为了保证实验的一致性仍然对其进行热搅拌，其余旋涂参数和材料浓度参数与上述情况一致。如图 7-2(b)所示，二次旋涂或者滴涂的方式对第一次的 P3HT 膜的清洗作用都较为明显。与图 7-2(a)相比，热的氯仿溶剂对 P3HT 整体的清洗效果都要强于氯苯溶剂，另外两个对照实验都表明滴涂对第一次涂覆的 P3HT 膜的清洗作用大于旋涂。因此，需要挑选合适的正交溶剂以减小溶剂对 P3HT 清洗的影响，以及需要用对 F4TCNQ 溶解度更好的溶剂以实现较为平整的厚膜制备。

(a) 5 mg F4TCNQ 溶解在四氢呋喃：二氯甲烷混合溶剂中　(b) 制备好的 P3HT 薄膜　(c) 在 P3HT 上旋涂 F4TCNQ 之后的成膜效果

图 7-3　用正交溶剂顺序旋涂法制备 P3HT：F4TCNQ 电荷转移复合物薄膜

由于 P3HT 在二氯甲烷中的溶解度较低，因此实验选择将其作为正交溶剂。另外，为了继续提高 F4TCNQ 的溶解度，在二氯甲烷溶剂中加入四氢呋喃作为助溶剂，其配置的混合溶剂的体积比为四氢呋喃：二氯甲烷 =1：1，总量为 1 mL[图 7-3(a)]。为了大幅度提高成膜厚度，使用浓度更高(10 mg/mL)的 P3HT 为溶液主体(溶剂为氯苯)，用 4000 r/min 的旋涂速度旋涂 60 s[图 7-3(b)]。随后，在 120 ℃(30 min)退火结束后，将 5 mg/mL 的 F4TCNQ 二次旋涂在薄膜表面，形成 P3HT：F4TCNQ 电荷转移复合物薄膜，如图 7-3(c)所示，其厚度和成膜情况均已经达到制备红外探测器的基本条件。

接下来，通过可见－近红外吸收谱和 FTIR 测试分析两种方法(混合旋涂型、顺序旋涂型)形成的 P3HT：F4TCNQ 电荷转移复合物的质量。如图 7-4 所示的可见－近红外光谱测试是由 MSV-5200 光谱仪测试所得。在图 7-4(a)中可以观察到，在混合之后除了原有的可见光吸收范围主要由本征 P3HT 贡献之外，在 760 nm 和 850 nm 附近出现了新的整数电荷转移峰 Polaron-2，也就是给体－受体接触以后形成的新电荷转移态。另外，在 2400 nm 附近出现了新的极化子峰(也就是电荷转移复合物耦合出的新带隙：Polaron-1)，这是由于给体－受体之间的键合和受体诱导的负阴离子的影响，使得系统中出现了一个新窄带隙为此吸收的主要来源。在掺杂浓度提高之后，新的极化子峰有轻微的红移，出现在 2500 nm 附近。除了形成 P3HT：F4TCNQ 电荷转移复合物之外，F4TCNQ 还有部分剩余，而由于 F4TCNQ 容易获得电子形成 F4TCNQ－离子，其比原来的 F4TCNQ 更加稳定，因此在如图 7-4(b)所示的高掺杂比例下更容易观察到 F4TCNQ－贡献的吸收峰(在 416 nm 附近)。另外，在高掺杂比例下，电荷转移复合物的主要极化子峰 Polaron-1 的吸收更强。

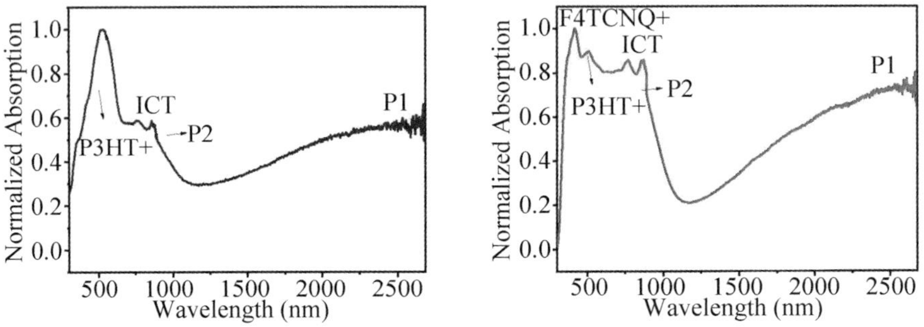

(a) P3HT 与 F4TCNQ 的混合质量比例为 5 mg：1.5 mg

(b) P3HT 与 F4TCNQ 的混合质量比为 5 mg：2.5 mg

图 7-4　P3HT：F4TCNQ 电荷转移复合物混合旋涂薄膜吸收谱

有机电荷转移复合物产生的新带隙主要集中在中红外区域，因此，实验利用FTIR对整个红外光谱进行测试分析(图7-5)。可以看到，FTIR光谱测试与MSV-5200光谱仪测试所得结果有轻微差异[图7-4，图7-5(a)和(b)]，红外光谱测试均使用氟化钙衬底以排除衬底本身的红外吸收干扰。对比两种电荷转移复合物的制备方式，可以看到，除了相近似的材料本征声子振动吸收峰在1136 cm^{-1}和1338 cm^{-1}之外，两类电荷转移复合物的极化子峰Polaron-1略有不同。混合旋涂的电荷转移复合物样品1、2的极化子峰Polaron-1分别是4715 cm^{-1}和4678 cm^{-1}，顺序旋涂的样品1、2的极化子峰Polaron-1分别为4538 cm^{-1}和4410 cm^{-1}[图7-5(c)和(d)]。这说明顺序旋涂的膜的实际掺杂深度较好，但是如图7-5(c)和(d)所示，其吸收峰的半高峰被拉宽，特别是在5000～8000 cm^{-1}。

根据旋涂模式的不同，混合旋涂法形成的有机电荷转移复合物可以看作是体异质结，而混合的体异质结的空间掺杂浓度较为均匀，因此形成的新带隙只有一个峰值[图7-5(a)和(b)]。顺序旋涂法因为部分使用正交溶剂，形成的有机电荷转移复合物是P3HT与F4TCNQ形成的平面异质结。F4TCNQ部分以浸入的方式进入P3HT膜层，这种结构在有机旋涂中常常被称为准平面异质结，此形态的膜存在一种掺杂比例梯度随着P3HT膜层从表面深入内部而减小的情况。图7-5(c)和(d)所示的顺序旋涂法电荷转移复合物薄膜在短波附近有更多的极化子峰，说明形成了多种掺杂浓度，也侧面印证了上述关于掺杂比例梯度随P3HT膜层深度变化的说法。但是，同一批次的样品，用混合旋涂法制作的有机电荷转移复合物的一致性较好[图7-5(a)和(b)]，而顺序旋涂浸入第一层薄膜的深度较难控制，极化子峰Polaron-1的位置较为一致[图7-5(c)和(d)]。这说明两种制备方式的成膜方式完全不同，这将影响它们在光电特性方面的测试。

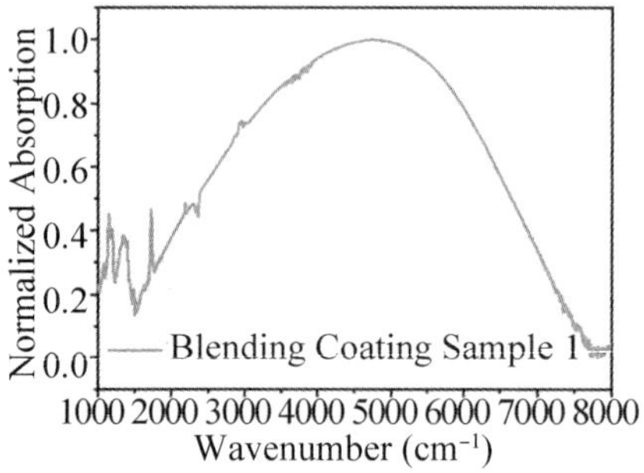

(a)混合旋涂的 P3HT：F4TCNQ = 5 mg：2. 5 mg 的样品 1

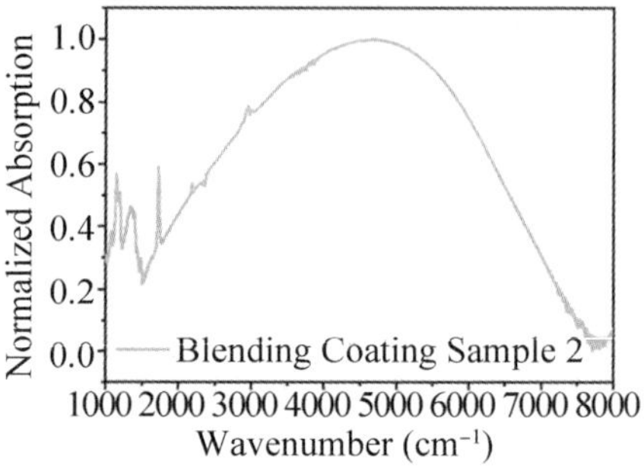

(b)混合旋涂的 P3HT：F4TCNQ = 5 mg：2. 5 mg的样品 2

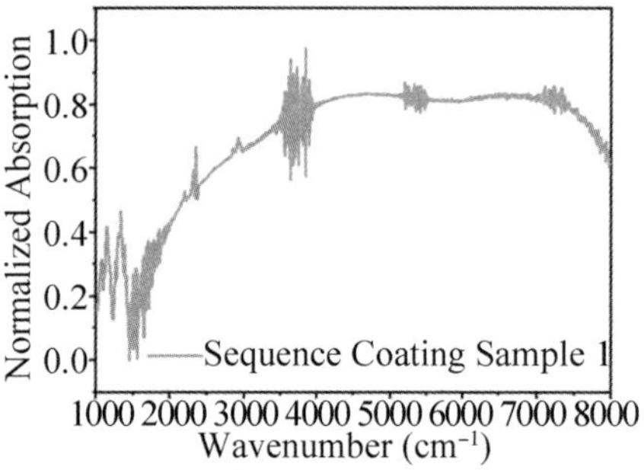

(c)顺序旋涂的 P3HT 与 F4TCNQ 的薄膜质量比例为 10 mg：5 mg 的样品 1

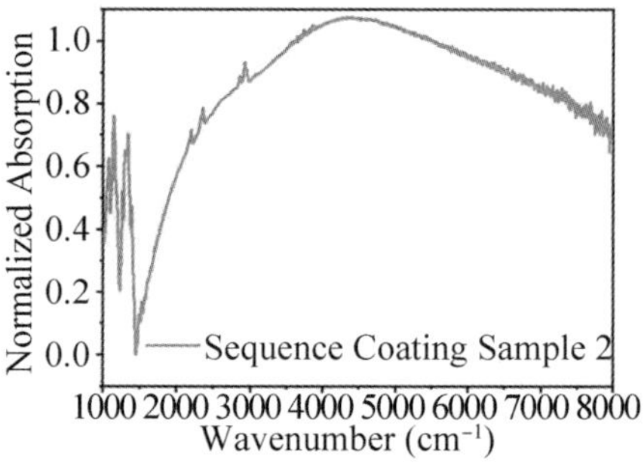

(d)顺序旋涂的 P3HT 与 F4TCNQ 的薄膜质量比例为 10 mg：5 mg 的样品 2

图 7-5　P3HT：F4TCNQ 电荷转移复合物混合旋涂和顺序旋涂的薄膜 FTIR 谱测试

接下来，为了比较两种旋涂方式下的不同电荷转移复合物的光电特性，实验在氧化硅衬底上制备了简单的场效应管，使用 P3HT：F4TCNQ 电荷转移复合物作为沟道材料(如图 7-6 所示，石英片的边长尺寸为 1 cm，氧化硅的边长尺寸为 1. 5 cm)，电极为叉指形状，旨在更好地收集电荷，底部栅极为高掺杂的 N 型硅。如图 7-6(a)所示，实验使用的是已配置混合完成的 P3HT：F4TCNQ电荷转移复合物。左图是在透明石英玻璃上的旋涂情况，P3HT 与 F4TCNQ 混合质量比例为 5 mg：2. 5 mg，溶剂为 1 mL 的氯苯并且搅拌一昼夜，溶液处于 80 ℃加热状态，旋涂速率为 4000 r/min，旋涂时间为 60 s，衬底预先用 80 ℃预热以保证电荷转移复合物的溶解性。顺序旋涂法[图 7-6(b)]需要进行两次旋涂，详细过程参考图 7-3。先进行 10 mg/mL 的 P3HT 旋涂，退火完成之后进行 5 mg/mL 的 F4TCNQ 旋涂(F4TCNQ 溶解在四氢呋喃：二氯甲烷的体积比为 1：1 的混合溶剂中)。最后，用带丙酮的棉签轻轻擦除多余位置的有机膜层，以防止其从边沿与下层高掺杂硅接触。图 7-6(b)左图为透明石英玻璃上的旋涂情况。

(a)混合旋涂成膜　　　　(b)顺序旋涂成膜

图 7-6　P3HT：F4TCNQ 电荷转移复合物场效应管制备

在完成制备两种不同成膜方法的 P3HT：F4TCNQ 电荷转移复合物场效应管后，实验还进行了一些简单的电学测试。由器件的 *I-V* 测试可以观察到，有机电荷转移复合物与两端电极形成欧姆接触，材料器件的电阻较小，在 $10^5\ \Omega$ 左右[图 7-7(a)和(b)]，这是由于 P3HT 在掺杂剂 F4TCNQ 的作用下使得主体 P3HT 材料的空穴增加的结果。另外，F4TCNQ 夺取了 P3HT 的电子，成为 F4TCNQ-，而 P3HT 以游离的 P3HT + 的形态出现，呈现出部分准金属的特性，因此导电性较好。如图 7-7(c)和(d)所示，转移特性曲线表现出明显的 P 型半导体特性，而相比之下，顺序旋涂的 P3HT：F4TCNQ 电荷转移复合物的栅极调控能力较差，这是因为两种制备方法的旋涂薄膜的厚度有较大差别。混合旋涂成膜的 P3HT：F4TCNQ 电荷转移复合物薄膜的电学调控能力较强，但是吸光能力不如较厚的顺序旋涂法制备的薄膜。接下来，实验将会对吸光能力更好的顺序旋涂法制备的 P3HT：F4TCNQ 电荷转移复合物薄膜进行中红外光电特性探究。

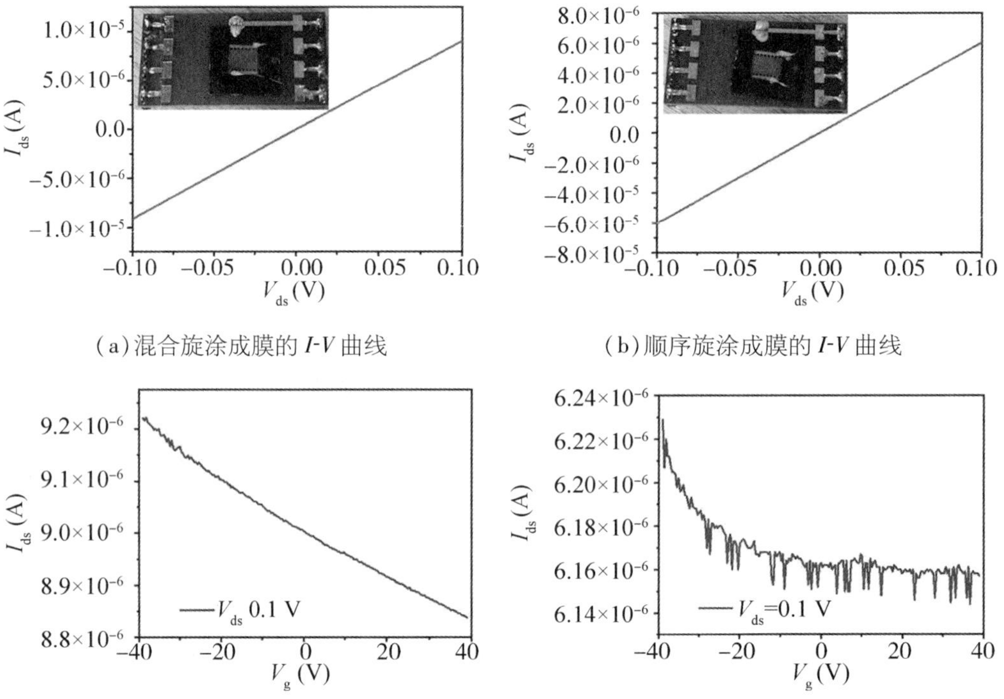

(a)混合旋涂成膜的 *I-V* 曲线　　(b)顺序旋涂成膜的 *I-V* 曲线

(c)混合旋涂成膜的转移特性曲线　　(d)顺序旋涂成膜的转移特性曲线

图 7-7　P3HT∶F4TCNQ 电荷转移复合物基本电学测试

实验对顺序旋涂法制备的 P3HT∶F4TCNQ 电荷转移复合物薄膜的红外光电特性进行了测试，如图 7-8 所示。本器件使用的衬底是高中红外透过率的氟化钙，以排除衬底的影响[图 7-8(a)]。在 4.6 mm、6.1 mm 和 7.3 mm 的光照下，器件的 *I-V* 曲线有着较为微小的偏移[图 7-8(b)]。将坐标改换为光电流与电压之后，可以观察到较为明显的中红外光电流，并且随器件两端电压的增加，光电流呈现非线性的增长[图 7-8(c)]。这种非线性增长的光电流主要是导电率较高的有机电荷转移复合物在中红外光照下产生温度变化进而产生类似辐射热响应的结果。在 1 V 偏压下，最大光电流在 6.1 mm 光的照射下可达到 0.6 mA，其响应度可达到 5.4 mA/W。在如图 7-8(d)所示的时间开关测试条件下，这种辐射热响应的效果更加明显。持续施加中红外光，光电流会持续上升。这种辐射热响应往往会导致器件的响应速度较慢，且光电流需要较长时间才能达到饱和值。波长越长，越容易产生热辐射温升效果。

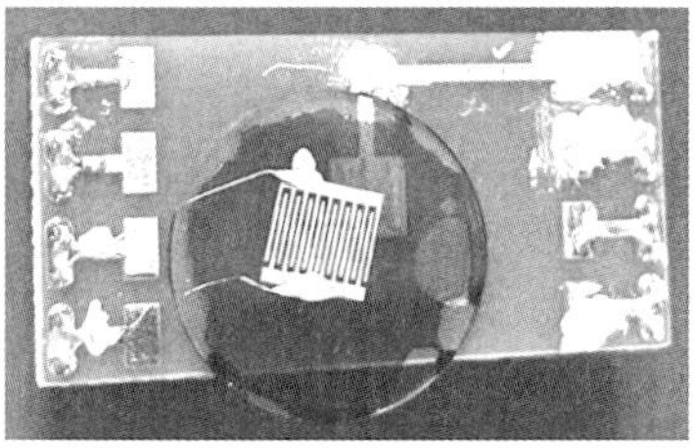

(a)器件实物图

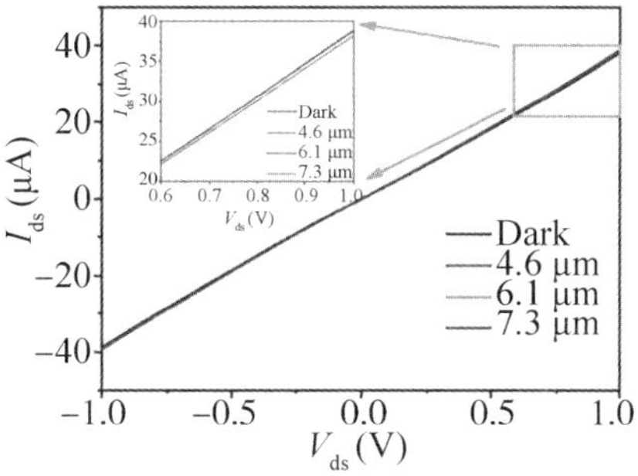

(b)器件 *I*-*V* 测试和中红外光照射下的器件 *I*-*V* 曲线

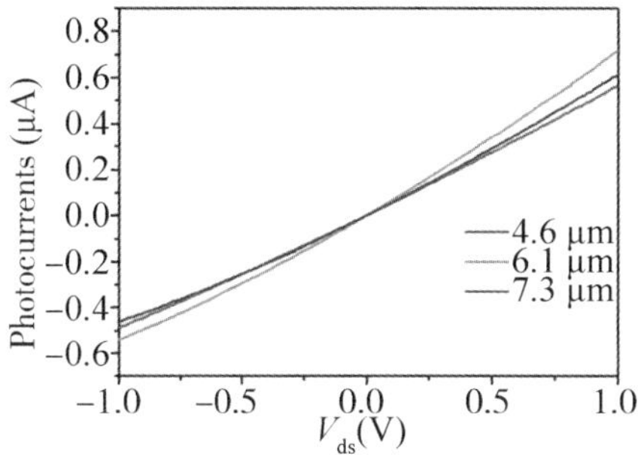

(c)中红外光电流响应随偏压变化的情况

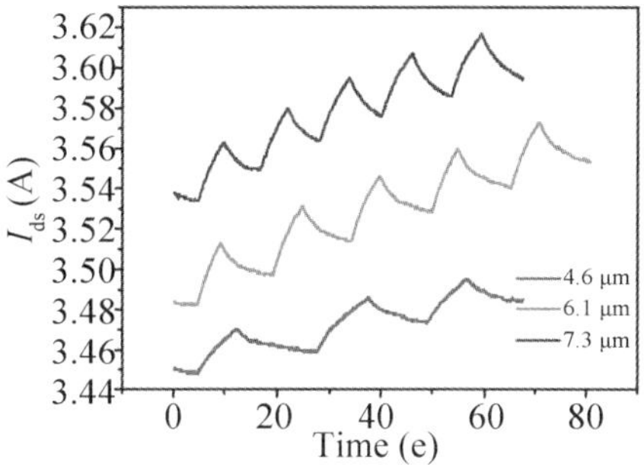

(d)实时时间分辨的中红外光电流开关测试

图 7-8　叉指电极的 P3HT：F4TCNQ 电荷转移复合物在氟化钙衬底上的中红外响应测试

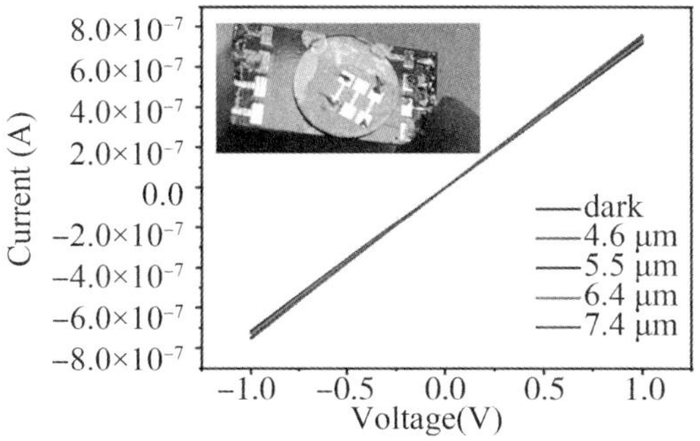

(a) *I*-*V* 测试和器件实物图

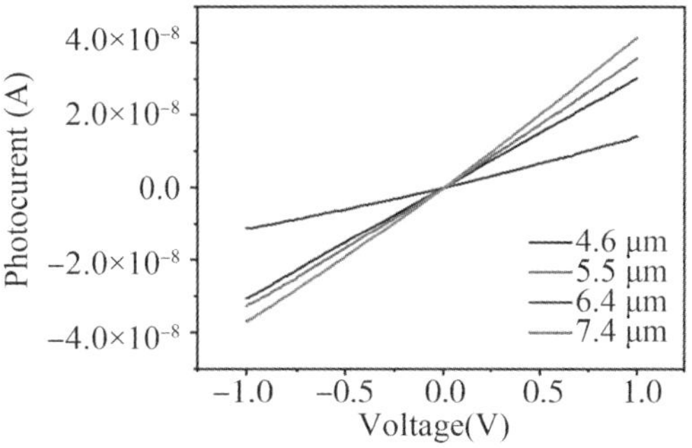

(b)不同偏压下的中红外光电流测试

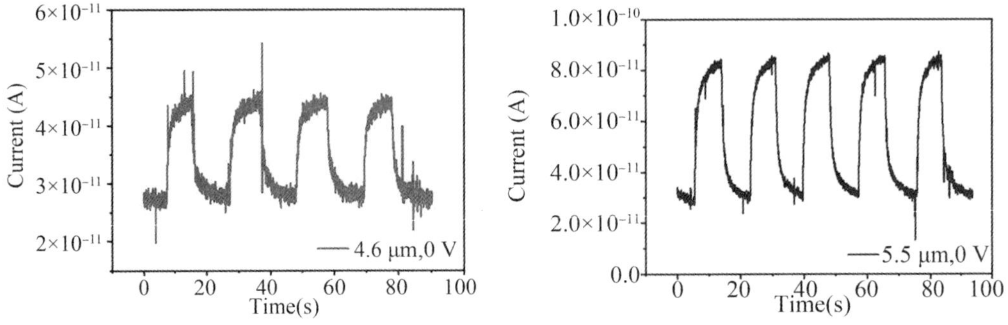

(c)4. 6 mm 的零偏置开关响应(功率为72. 7 mW)　　(d)5. 5 mm 的零偏置开关响应(功率为 140 mW)

图 7-9　两端常规电极的 P3HT∶F4TCNQ 电荷转移复合物在氟化钙衬底上的中红外响应测试

叉指电极虽然有利于收集光生载流子，但在中红外光照下会产生多个方向的温度梯度，而多个方向的温度梯度会影响对 PTE 效应的判断，并且在 0 V 偏置电压下的响应情况会被抵消[图 7-8(b)]。因此，实验还探究了简单双端电极下的 P3HT∶F4TCNQ 电荷转移复合物的响应机制，并且保持其制备参数及过程与叉指电极器件相一致。实验结果表明，器件的 *I-V* 曲线依旧呈现出欧姆接触特性，但是电阻相较于叉指电极器件略有上升[图 7-9(a)]。电压随光电流变化的曲线明显不超过零点[图 7-9(b)]，说明在 0 V 偏压下器件有光电流响应。0 V 偏压下的响应一般归因于 PTE 和光生伏打效应，而P3HT∶F4TCNQ电荷转移复合物的部分偏向金属的特性导致其容易产生 PTE 效应的光电流。

如图 7-9 所示，实验还对器件的实时中红外响应进行了开关测试，其 0 V偏置持续光照下的中红外响应出现了较小幅度的持续光电流的增加。但是，器件的响应速度仍然超过 1 s。有机材料在旋涂时难免会出现部分缺陷，这会导致光生的热载流子被束缚，从而使得响应时间和恢复时间延长。基于 PTE 效应的响应需要非对称温度梯度，这取决于电极的结构、材料本身的均匀度，以及光斑大小与沟道面积的比例等因素。电荷转移复合物的塞贝克系数可达100 mV/K，为PTE效应和辐射热效应产生响应奠定基础[148]。如图7-10(b)所示，7.4 mm的净响应光电流最大可达85 pA以上。

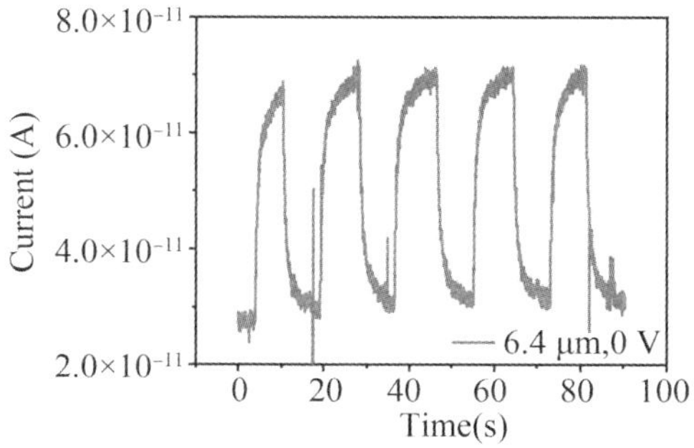

(a)6.4 mm的零偏置开关响应(功率为111 mW)

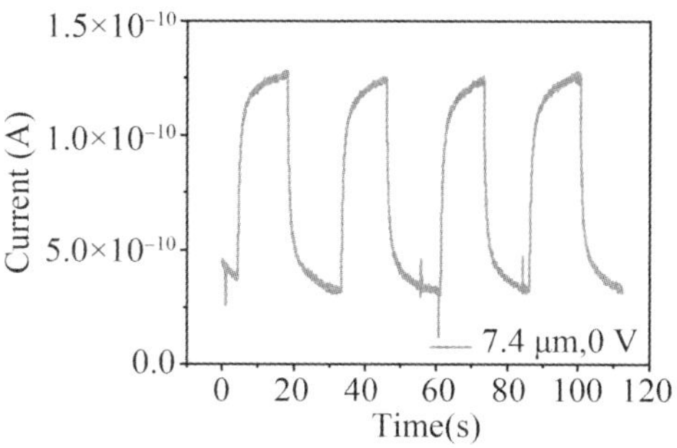

(b)7.4 mm的零偏置开关响应(功率为251 mW)

图7-10 两端常规电极的P3HT：F4TCNQ电荷转移复合物在氟化钙衬底上的中红外响应测试

7.4 石墨烯－有机电荷转移复合物光电导探测器

根据之前的制备工艺情况和中红外光电特性探究，以及给体－受体有机材料与石墨烯能带排布的经验，实验在石墨烯上探究制备了P3HT：F4TCNQ电荷转移复合物的光电导异质结器件，并对其中红外响应进行了探究。

器件制备流程如下：借助CVD方法在铜箔上制备单层的石墨烯，再通过溶液法将制作好的石墨烯转移到SiO_2－Si的N重掺杂衬底(300 nm的SiO_2)上。然后，使用带有图形的金属掩膜板通过热蒸发将源极和漏极沉积在单层石墨烯的上方形成沟道通路(长为 30 mm，宽为 500 mm)。接下来，以 4000 r/min 的转速在石墨烯表面旋涂 10 mg/mL 的 P3HT(氯苯溶剂)，旋涂时间为 60 s。随后，在 120 ℃条件下退火 30 分钟，接着旋涂 5 mg/mL 的 F4TCNQ(四氢呋喃：二氯甲烷的体积比为 1：1 的混合溶剂)，以 4000 r/min 的转速旋涂 60 s，再以 100 ℃退火 10 分钟。最后，使用棉签轻轻擦去金电极上多余的有机电荷转移复合物，完成器件制备。

器件结构如图 7-11(a)所示。由于使用正交溶剂进行顺序旋涂，P3HT 与 F4TCNQ 之间会出现准平面异质结的分层情况，中间交叠部分为 P3HT：F4TCNQ 电荷转移复合物，本章已经对其进行了部分论证。石墨烯 - 有机电荷转移复合物的能带结构如图 7-11(b)所示，多层结构形成了以石墨烯为沟道的光电导器件，而 P3HT：F4TCNQ 电荷转移复合物是器件的主要中红外吸收层。P3HT 的 HOMO 能级为 5.0 eV，与空气中氧化的石墨烯的费米能级(4.9～5.0 eV)接近[147]，因此 P3HT 可以作为石墨烯与 P3HT：F4TCNQ 电荷转移复合物之间良好的空穴传输层[图 7-11(b)]。这样，P3HT：F4TCNQ 电荷转移复合物可以使得光生空穴更有效地进入石墨烯，而剩余的光生电子将会被束缚在电荷转移复合物和 F4TCNQ 层中。

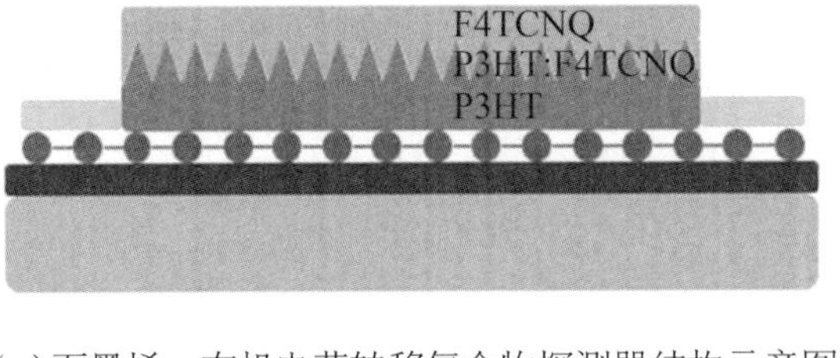

(a)石墨烯 - 有机电荷转移复合物探测器结构示意图

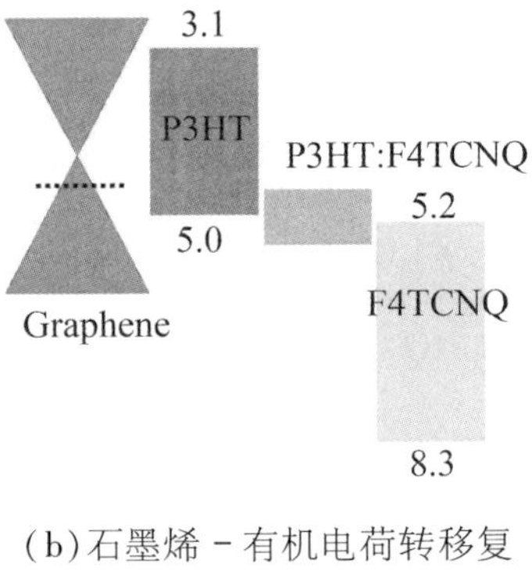

(b)石墨烯 - 有机电荷转移复合物的能带示意图

图 7-11　石墨烯 - 有机电荷转移复合物异质结光电导探测器

在中红外光的照射下，主要的光生空穴进入 P 型石墨烯，使得石墨烯的电阻减小。如图 7-12(a)、(b)和(c)所示，在中红外波段4.6 mm、6.1 mm和7.4 mm 处均有0.4 mA 以上的正向光电流响应(7.4 mm 处的最大光电流可达1 mA)。由于石墨烯沟道和光栅极效应的增强效果，器件的响应度可以达到8 mA/W，与无石墨烯的有机电荷转移复合物(在双端电极条件下)的响应度相比有较大的提升。响应中出现了一段较快上升和一段持续慢速上升的过程。为了获得器件的响应速度，在较小功率5.6 mW 光的照射下，持续慢速上升过程消失，快速上升过程的响应速度为56 ms。

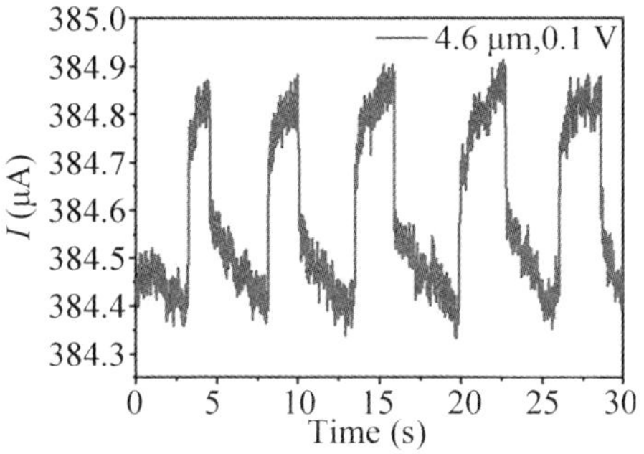

(a)4.6 mm 响应开关测试(功率为36.3 mW)

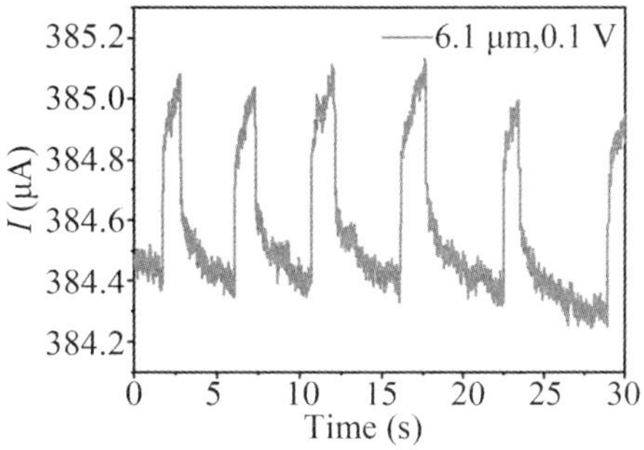

(b)6.1 mm 响应开关测试(功率为55 mW)

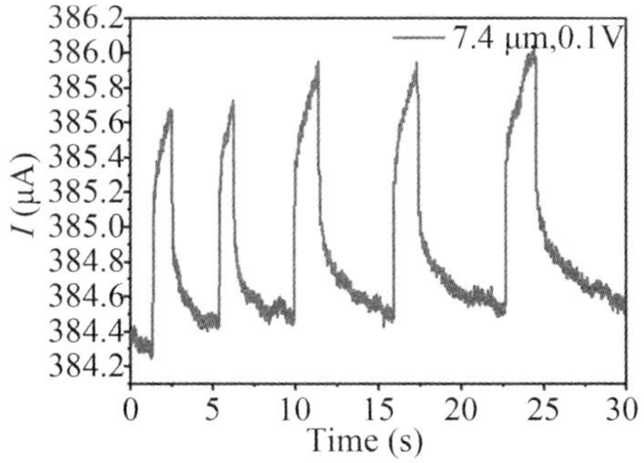

(c)7.4 mm 响应开关测试(功率为126 mW)

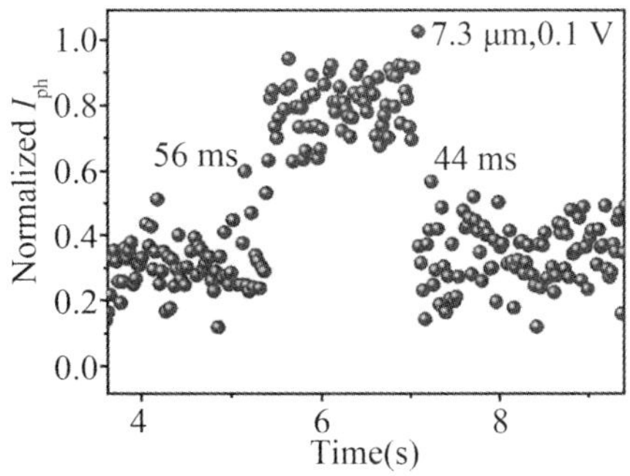

(d)响应速度测试

图7-12　石墨烯-有机电荷转移复合物异质结光电导探测器的红外响应测试

7.5 石墨烯-有机电荷转移复合物垂直型探测器

由于 P3HT：F4TCNQ 有机电荷转移复合物产生的新带隙较小，并且有机激子的束缚能较高，缺少合适的能带匹配材料进行解离，而光电导结构在垂直方向缺少外加电场作用，因此实验设计了另外一种垂直结构的石墨烯-有机电荷转移复合物探测器，与 N 型本征硅结合形成 P-N 结，如图 7-13(a)所示。在此结构中，石墨烯主要充当透明电极收集传输电荷和保护有机层。

器件制备流程如下：使用氧等离子气体刻蚀已经切好并清洗的衬底表面的 300 nm 氧化硅绝缘层，露出下层本征硅，“开窗”大小约为 0.5 cm × 0.5 cm。在上述衬底表面旋涂 10 mg/mL 的 P3HT(氯苯溶剂)，以 4000 r/min 的转速旋涂 60 s，以 120 ℃退火 30 分钟，接着滴涂 5 mg/mL 的 F4TCNQ(四氢呋喃与二氯甲烷的体积比为 1：1 的混合溶剂)，以 4000 r/min 的转速滴涂 60 s，以 100 ℃退火 10 分钟[图 7-13(b)左图]。将带有 PMMA 的石墨烯通过溶液法转移到已经用棉签擦好的 P3HT：F4TCNQ-Si 表面并完全覆盖本征硅“开窗”位置[图 7-13(b)中图]。最后，通过导电银浆连接电极到外电路完成器件制备[图 7-13(b)右图]。

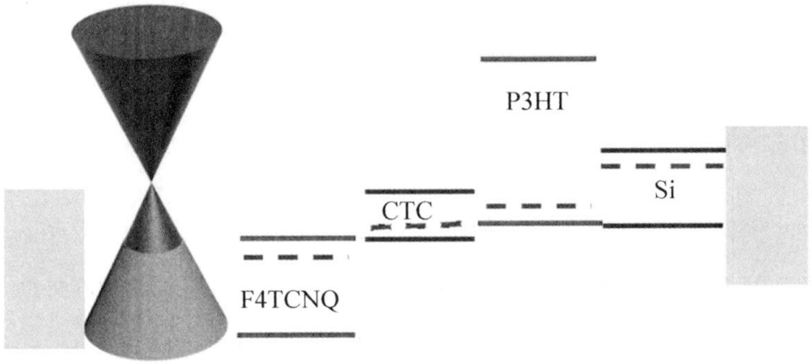

(a)石墨烯-有机电荷转移异质结垂直型探测器能带示意图

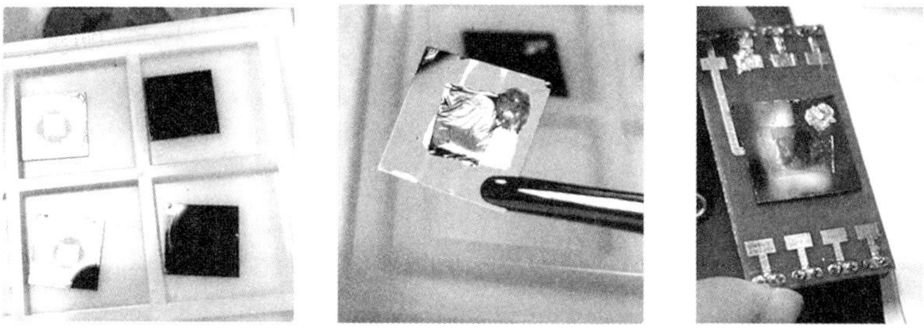

(b)石墨烯－有机电荷转移复合物垂直型探测器制备实物图

图 7-13　石墨烯－有机电荷转移复合物－N 型硅异质结垂直型探测器

在本器件中，石墨烯的费米能级为 4.9～5.0 eV，F4TCNQ 的 LUMO 能级在 5.2 eV 左右[147, 225]，不会明显影响主要载流子的输运，P3HT：F4TCNQ 有机电荷转移复合物－P3HT－N 型 Si 产生了主要的势垒，并产生了明显的整流特性，如图 7-14(a)所示。在各个波段光的照射下，器件的 *I-V* 曲线出现了明显的非线性移动。在可见光的照射下，器件产生的开路电压(V_{oc})可达 0.228 V，主要由 P3HT 与 N 型 Si 产生的 P-N 结贡献。在中红外和长波红外光的照射下，器件的光伏效果逐渐消失。在通信波段 1310 nm 的开关响应测试中，器件显示出了良好的开关响应[图 7-14(b)]，其开关比为 200。

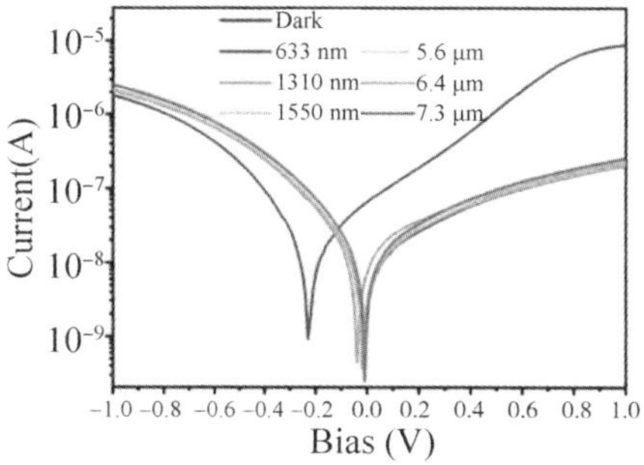

(a)器件 *I-V* 测试

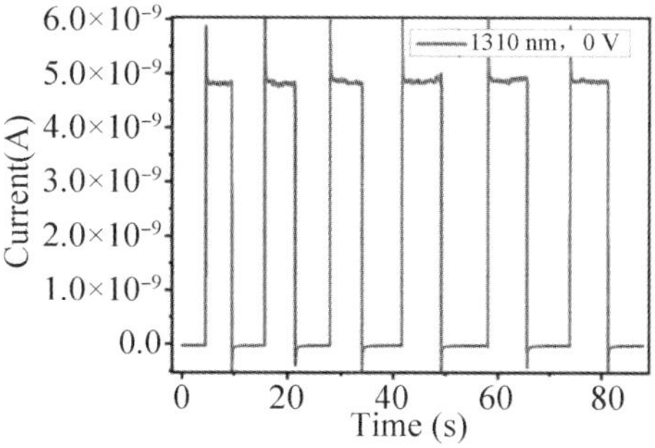

(b)1310 nm 光照下的周期开关测试

图 7-14　石墨烯－有机电荷转移复合物垂直型探测器的 *I-V* 测试和开关测试

随着光输入波长的增加[图7-15(a)]，在0 V偏置下，器件的响应光电流出现由正变负的情况，其正负转换点在2.96～4.6 mm之间。在近红外光如1310 nm和2.96 mm光的照射下，光电流主要是被P3HT：F4TCNQ有机电荷转移复合物吸收(图7-4和图7-5)，此时的P3HT：F4TCNQ与P3HT为P+－P型同质结，器件的光生电流方向主要指向N型Si一侧，如图7-15(b)所示。因此，在图7-15(a)中可以观察到正响应现象。对于长波，由于使用正交溶剂进行顺序旋涂制备的P3HT：F4TCNQ有机电荷转移复合物会产生掺杂浓度梯度，并且随着P3HT深度的增加、掺杂浓度会降低。P+－P型同质结将产生基于PTE效应指向石墨烯一侧的光电流[226][图7-15(c)]，因此在图7-15(a)中，器件呈现出相对较小的长波负向响应。

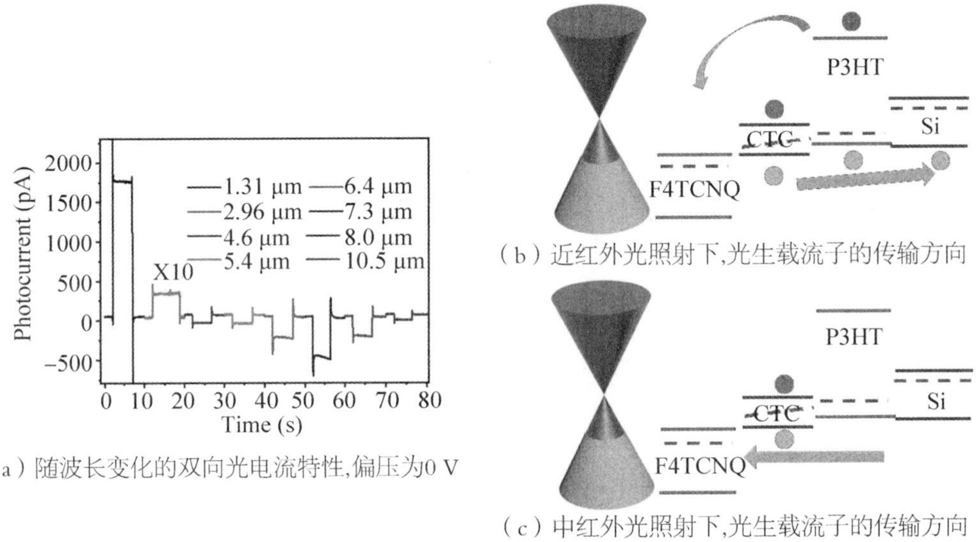

(a) 随波长变化的双向光电流特性,偏压为0 V

(b) 近红外光照射下,光生载流子的传输方向

(c) 中红外光照射下,光生载流子的传输方向

图7-15　石墨烯-有机电荷转移复合物垂直型探测器的双向响应特性

在P3HT：F4TCNQ与P3HT的P+－P型同质结的作用和近红外光照射下，器件的响应主要是光伏响应。2.96 mm的光处于中红外波段容易引起材料的热电响应，而在P+－P型同质结中，光响应与光热电PTE响应相反

会使2.96 mm光的响应大幅度降低，只能测到较小的光电流，如图7-16(a)所示。当输入光的波长较长时，此时的响应几乎全部来自掺杂浓度梯度带来的PTE效应的电流[图7-16(b)]，此时的光电流相比2.96 mm的光电流有几倍的提升。另外，1310 nm的响应由于不掺杂热响应，故其在不同偏压下仍然没有出现持续加光带来的温升辐射热效应。如图7-16(c)所示，在7.3 mm光的照射下，对器件施加±0.05 V的工作电压可以观察到响应呈现辐射热效应的趋势，并且辐射热效应的电流方向会随着偏压方向的改变而改变。此外，PTE效应产生的负方向的光电流依旧清晰可见[图7-16(c)]，并且其方向不受偏压控制，再次印证了上述光电流机理分析的正确性。

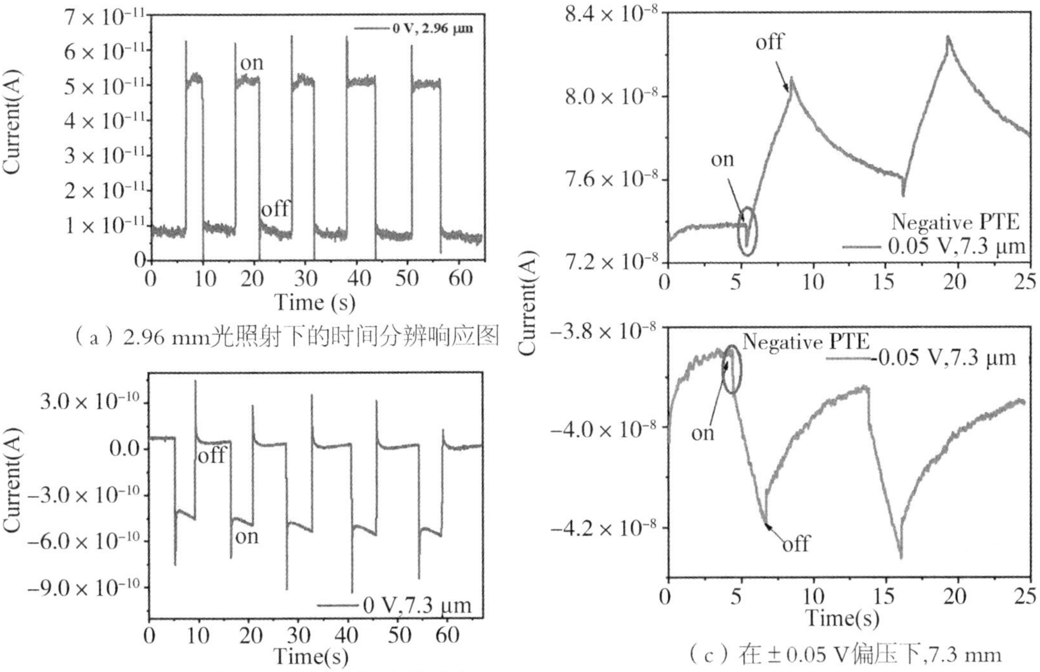

(a) 2.96 mm光照射下的时间分辨响应图

(b) 7.3 mm光照射下的时间分辨响应图

(c) 在±0.05 V偏压下,7.3 mm光照射下的响应情况

图7-16 石墨烯-有机电荷转移复合物垂直型探测器的偏压响应特性

为了更好地区别上述两种机理不同的正负响应，实验还对两个代表波段不同的功率输入进行了测试，如图7-17所示。近红外波段1310 nm的响

应度随功率呈现对数线性的趋势[图 7-17(a)]。随着输入功率减小，器件的响应度小幅度增加，再次表明了器件的光响应特性。器件的最大响应度出现在输入功率为 56 mW 时，可达 333 mA/W。如图 7-17(b)所示，主要由 PTE 产生的响应(7.3 mm 和 10.5 mm)的光电流随输入功率呈现线性的趋势，且拟合线性度接近 1。器件的响应度随输入功率在 1 ～2 nA/W 之间微小波动。器件在 7.3 mm 与 10.5 mm 的最大响应度分别为 1.63 nA/W 和 1.26 nA/W。

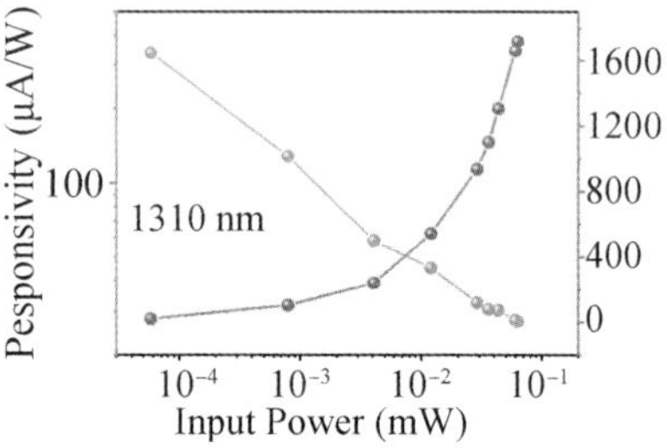

(a)器件在近红外波段随输入功率变化下的响应度和光电流

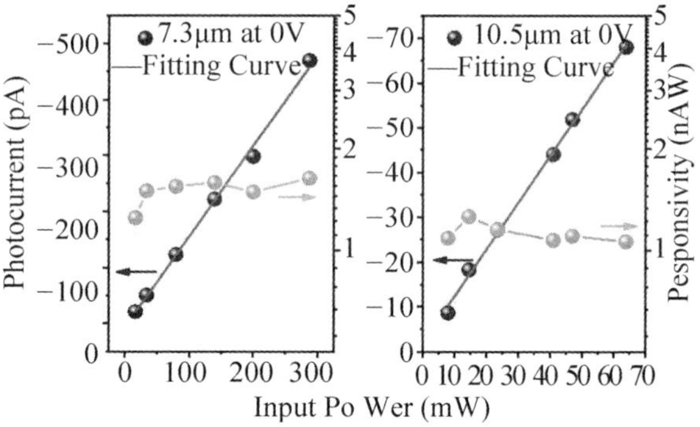

(b)器件在长波波段的响应度，以及光电流与不同光功率的关系

图 7-17　石墨烯-有机电荷转移复合物垂直型探测器的响应度测试

7.6 本章小结

本章探究了 P3HT : F4TCNQ 有机电荷转移复合物的制备工艺和工艺优化方案，并且研究了不同制备工艺对有机电荷转移复合物光谱和成膜特性的影响，还对不同制备工艺的基本电学特性和本征响应进行了表征。P3HT : F4TCNQ 有机电荷转移复合物形成的新极子峰对应的新带隙为 0.4 ～0.5 eV，

因此需要寻找能级匹配的材料和方法对中红外响应进行放大。基于这一目标，实验利用这些不同的长波光电特性优化设计并制备了两种石墨烯－有机电荷转移复合物异质结器件：(1)石墨烯－有机电荷转移复合物光电导探测器；(2)石墨烯－有机电荷转移复合物垂直型探测器。在两类器件中，石墨烯发挥着不同的作用。在光电导器件中，石墨烯的高迁移率和低态密度使得器件在中红外区域的响应可提升到 4 mA/W，响应速度为 56 ms。而在垂直型器件中，石墨烯主要起到充当透明电极并收集电荷的作用。由有机电荷转移复合物顺序旋涂法产生的 P＋－P 型同质结产生了随波长变化的双向光电流响应，并将器件的光响应拓展至 10. 5 mm，使器件在近红外光区域的最大响应度超过 330 mA/W，而在远红外光区域响应度相对较低，为 1. 63 nA/W。考虑到二维材料－有机异质结探测器大部分的工作处于近红外波段，因此将光响应拓展至 10. 5 mm 具有较大意义。

第八章

总结与展望

8.1 研究总结

本书主要针对石墨烯－有机薄膜复合光电探测器面临的一些瓶颈，如响应速度较慢、响应度较低、探测波长范围受到限制等探测性能参数问题进行了一系列优化改进与拓展应用研究。利用石墨烯与有机材料之间形成π-π堆叠带来的界面优化等优势，实验深入探究了从石墨烯－有机单电荷转移态结构过渡到石墨烯－有机双电荷转移态结构的性能提升和探测器功能优化方法。对于不同的有机材料体系，比如有机小分子、有机聚合物、有机－无机异质结和有机电荷转移复合物，实验设计并制备了不同结构的探测器以实现高性能探测并将探测波长拓展至长波红外区域，还深入探究了不同体系工艺制备和不同器件的载流子传输特性。此外，实验还进行了部分新的探测，如与波长相关的正负双向响应、近红外记忆特性等。实验利用这些新特征，通过结构设计与优化，拓展了石墨烯－有机薄膜复合光电探测器的一系列功能，如光调控的逻辑光电流、机器视觉和通信应用。石墨烯－有机薄膜复合光电探测器大多可进行大面积阵列制备，为未来片上集成的光电探测器奠定了基础。本书主要的创新点和研究结果如下。

(1)创新性地提出了将有机小分子给体－受体平面异质结(C_{60}－Pentacene)与石墨烯结合，使得器件响应度提高至 9127 A/W，并且使响应速度提高至 275 ms。相比传统石墨烯－有机单电荷转移异质结，器件的性能有较大提升。另外，实验还发现了随波长相关的正负响应情况，并且将器件的响应波段拓宽至 1550 nm，打破了石墨烯－有机单电荷转移异质结的探测波段处于 1100 nm 以下的限制。中间层 C_{60}的引入提高了石墨烯与有机材料之间的 π-π 耦合。相比于石墨烯－有机单电荷转移异质结中内建电场较弱导致的量子效率较低等问题，本器件获得了 11.5% 的外量子效率。此多层器件不仅有效解离了给体 Pentacene 中产生的激子，而且使得器件获得了较大的增益(10^5)。最后，实验还探究了正负转换点的位置调控，将最上层有机材料改换为 CuPc 和 $SnNcCl_2$，这一举措可以将正负转换点进一步红移，最终实现高性能近红外探测。

(2)创新性地提出了利用两束独立光的相互调制，并在石墨烯 - C_{60} - Pentacene 平面异质结中实现了三种类型的光调制，包括光电流的幅度调制、响应速度调制和光电流的正负极性调制。利用在可见光和近红外的正负光电流极性差异，以及有机小分子给体 - 受体平面异质结(C_{60} - Pentacene)的激子扩散距离限制，实验将中间传输层的厚度控制在 11 nm，在近红外光调制下实现了可见光响应由正变负的过程。而当中间传输层的厚度在 5 nm 时，器件可以实现光电流幅度调制，通过合适的调制光功率匹配，在近红外光调制下将响应度从 3425 A/W 提高到了 7673 A/W。器件在 1310 nm 光的调制下，可以使得响应速度提升 10 倍至 2.93 ms。器件在 405 nm 光的调制下会出现正负响应的完整渐变过程，最快响应速度达 20 ms，并且光调制提供了 10 ～ 3×10^3 Hz 的可调带宽。

(3)创新性地提出了将二元有机给体 - 受体体异质结 PTB7-Th：IEICO-4F 作为主要活性层、ZnO 作为中间层，制作栅极调控下多功能切换的高性能光电探测器。器件在石墨烯浅 P 掺杂和 N 掺杂时实现了无记忆的响应模式，利用非富勒烯体系实现了 400 ～1064 nm 的宽波段响应。受益于 ZnO 产生的强束缚作用，器件的最高响应可达 10^6 A/W，比探测率可达 4.8×10^{12} Jones。而在石墨烯深 P 掺杂模式下，由于石墨烯费米能级与 ZnO 产生的较大势垒，光生空穴在 ZnO 一侧被长时间束缚，器件实现了可进行电擦除的近红外记忆，并且实现了 10^4 s 的长时间红外光记忆过程。利用器件栅极可调的无记忆正负响应和带记忆的负响应，器件在 3×3 阵列单元中使用不同单元的栅极模式可以同时实现机器视觉中的近红外视网膜视觉和记忆预处理功能。

(4)引入其他无机材料 Bi_2O_2Se 与石墨烯 - 有机异质结形成多层结构，利用 HAT-CN - Bi_2O_2Se 形成的 type-Ⅲ型能带排布，可以有效缓解石墨烯光电导器件的束缚导致的恢复时间较长的问题，还可以将响应时间优化到 94 μs、恢复时间优化到 101 μs，在 1310 nm 波段实现了 2000 Hz 的 3 dB 带宽表明器件在通信波段具有一定的应用潜力，对 ASCII 码的信息传输功能的演示表明了该器件的通信潜力。

(5) 实验制备并优化了 P3HT：F4TCNQ 有机电荷转移复合物，系统性地比较了混合旋涂法和顺序旋涂法的工艺差别带来的光电和结构特性的不同。实验利用有机电荷转移复合物的窄带隙以及吸收覆盖整个中红外区域，制备了两种类型的器件：(1) 石墨烯 - 有机电荷转移复合物光电导探测器；(2) 石墨烯 - 有机电荷转移复合物垂直型探测器。

8.2 研究展望

虽然本书就石墨烯 - 有机薄膜复合光电探测器件在设计、制备和应用上提出了多个创新点和解决方案，但是石墨烯 - 有机异质结探测器在探测参数和稳定性上与商业探测器相比仍有很大差距。近年来，有机太阳能电池发展迅猛，转化效率更高、更稳定的有机体系被提出，这将会促进石墨烯 - 有机异质结探测器乃至二维 - 有机异质结的发展。此外，新型生物突触型低能耗功能型光电探测器件、片上计算的光子芯片和高灵敏生物监测探测器是探测器近年来的发展趋势。因此，以下方面值得继续进行进一步探究。

(1) 与波长相关的双向响应石墨烯 - 有机器件的机理虽然较为新颖，但只是完成了部分光调控的逻辑光电流应用，并未进行更加复杂的光电交互以及完整的逻辑运算应用。因此，可以将其和更加复杂的逻辑功能算法进行结合，探究功能更强的石墨烯 - 有机功能探测器。

(2) 石墨烯 - 有机体异质结探测器实现了栅极电压下的功能切换，也实现了记忆学习过程和无记忆的视网膜机器视觉应用功能，但并未深度进行两种功能的融合以进一步提高存算一体化光芯片的效率和实现更低能耗。因此，在未来可以设计制备具有类脑与类人眼的先进光电交互功能的、基于新型石墨烯－有机体异质结探测器的存算一体化光芯片。

(3)虽然石墨烯－有机电荷转移复合物在长波探测方面取得了一些进步，但是其响应度仍处于较低水平，这是由于有机电荷转移复合物所产生的新能带的带隙较小，使得能带不易匹配，器件难以进行高效的解离。因此，在未来将会针对有机电荷转移复合物的长波探测进行深度优化，改进结构和能带匹配方式从而制备高性能的石墨烯－有机电荷转移复合物异质结探测器。

(4)目前，越来越多的新型结构和材料更好地降低了有机材料能带间的差距，减小了传输中的能量损失，如双给体－受体的异质结和双给体－受体基团的超分子。因此，这些新材料和新的结构在未来将会与石墨烯进行深度结合，以提高石墨烯－有机探测器的性能。

参考文献

[1]NOVOSELOV K S, MISHCHENKO A, CARVALHO A, et al. 2D materials and van der Waals heterostructures[J]. Science, 2016, 353(6298): 9439.

[2]CAO Y, FATEMI V, FANG S, et al. Unconventional superconductivity in magic-angle graphene superlattices[J]. Nature, 2018, 556(7699): 43-50.

[3]LIANG G, YU X, HU X, et al. Mid-infrared photonics and optoelectronics in 2D materials[J]. Materials Today, 2021(51): 294-316.

[4]KOPPENS F H L, MUELLER T, AVOURIS P, et al. Photodetectors based on graphene, other two-dimensional materials and hybrid systems[J]. Nature Nanotechnology, 2014, 9(10): 780-793.

[5]SUN Z, MARTINEZ A, WANG F. Optical modulators with 2D layered materials[J]. Nature Photonics, 2016, 10(4): 227-238.

[6]BAO Q, ZHANG H, WANG Y, et al. Atomic-layer graphene as a saturable absorber for ultrafast pulsed lasers[J]. Advanced Functional Materials, 2009, 19(19): 3077-3083.

[7]WU P, HE T, ZHU H, et al. Next-generation machine vision systems incorporating two-dimensional materials: progress and perspectives[J]. Infomat, 2022, 4(1): e12275.

[8]GOBBI M, ORGIU E, SAMORÌ P. When 2D materials meet molecules: opportunities and challenges of hybrid organic/inorganic van der Waals heterostructures[J]. Advanced Materials, 2018, 30(18): 1706103.

[9]WANG H, LI Z, LI D, et al. Van der Waals integration based on two-dimensional materials for high-performance infrared photodetectors[J]. Advanced Functional Materials, 2021, 31(30): 2103106.

[10] GASPARINI N, SALLEO A, MCCULLOCH I, et al. The role of the third component in ternary organic solar cells[J]. Nature Reviews Materials, 2019, 4(4): 229-242.

[11] CHENG P, LI G, ZHAN X, et al. Next-generation organic photovoltaics based on non-fullerene acceptors[J]. Nature Photonics, 2018, 12(3): 131-142.

[12] SONAR P, FONG LIM J P, CHAN K L. Organic non-fullerene acceptors for organic photovoltaics[J]. Energy & Environmental Science, 2011, 4(5): 1558-1574.

[13] GEIM A K. GRAPHENE: status and prospects[J]. Science, 2009, 324(5934): 1530-1534.

[14] CHHOWALLA M, SHIN H S, EDA G, et al. The chemistry of two-dimensional layered transition metal dichalcogenide nanosheets[J]. Nature Chemistry, 2013, 5(4): 263-275.

[15] LIU L, FENG Y P, SHEN Z X. Structural and electronic properties of h-BN[J]. Physical Review B, 2003, 68(10): 104102.

[16] KANG L, YE C, Zhao X, et al. Phase-controllable growth of ultrathin 2D magnetic FeTe crystals[J]. Nature Communications, 2020, 11(1): 3729.

[17] LI G, ZHU R, YANG Y. Polymer solar cells[J]. Nature Photonics, 2012, 6(3): 153-161.

[18] ZHANG Q, KAN B, LIU F, et al. Small-molecule solar cells with efficiency over 9% [J]. Nature Photonics, 2015, 9(1): 35-41.

[19] HANG T, ZHANG W, YE H-Y, et al. Metal-organic complex ferroelectrics[J]. Chemical Society Reviews, 2011, 40(7): 3577-3598.

[20] JIN S, ALLAM O, JANG S S, et al. Covalent organic frameworks: Design and applications in electrochemical energy storage devices[J]. Infomat, 2022, 4(6): e12277.

[21] USMAN M, MENDIRATTA S, LU K-L. Semiconductor metal-organic frameworks: future low-bandgap materials[J]. Advanced Materials, 2017, 29(6): 1605071.

[22] MAJUMDAR S. Back-end CMOS compatible and flexible ferroelectric memories for neuromorphic computing and adaptive sensing[J]. Advanced Intelligent Systems, 2022, 4(4): 2100175.

[23] NELSON S F, LIN Y Y, GUNDLACH D J, et al. Temperature-independent transport in high-mobility pentacene transistors[J]. Applied Physics Letters, 1998, 72(15): 1854-1856.

[24] JANG J, KIM S H, HWANG J, et al. Photopatternable ultrathin gate dielectrics for low-voltage-operating organic circuits [J]. Applied Physics Letters, 2009, 95 (7): 073302.

[25] MOSCIATTI T, DEL ROSSO M G, HERDER M, et al. Light-modulation of the charge injection in a polymer thin-film transistor by functionalizing the electrodes with bistable photochromic self-assembled monolayers[J]. Advanced Materials, 2016, 28 (31): 6606-6611.

[26] HOU W, XIAO Y, HAN G, et al. The applications of polymers in solar cells: a review[J]. Polymers, 2019, 11(1): 143.

[27] LI J, NIU L, ZHENG Z, et al. Photosensitive graphene transistors[J]. Advanced Materials, 2014, 26(31): 5239-5273.

[28] XIE C, MAK C, TAO X, et al. Photodetectors based on two-dimensional layered materials beyond graphene [J]. Advanced Functional Materials, 2017, 27 (19): 1603886.

[29] HUO N, KONSTANTATOS G. Recent progress and future prospects of 2D-Based photodetectors[J]. Advanced Materials, 2018, 30(51): 1801164.

[30] MUELLER T, XIA F, AVOURIS P. Graphene photodetectors for high-speed optical communications[J]. Nature Photonics, 2010, 4(5): 297-301.

[31] XIA F, MUELLER T, LIN Y-m, et al. Ultrafast graphene photodetector[J]. Nature Nanotechnology, 2009, 4(12): 839-843.

[32] HAN J, WANG J. Photodetectors based on two-dimensional materials and organic thin-film heterojunctions[J]. Chinese Physics B, 2019, 28(1): 017103.

[33] LI H, DONG Z, ZHANG Y, et al. Recent progress and strategies in photodetectors based on 2D inorganic/organic heterostructures [J]. 2d Materials, 2020, 8 (1): 012001.

[34] CHEN X, SHEHZAD K, GAO L, et al. Graphene hybrid structures for integrated

and flexible optoelectronics[J]. Advanced Materials, 2020, 32(27): 1902039.

[35]LIU Z-X, LAU T-K, ZHOU G, et al. Achieving efficient organic solar cells and broadband photodetectors via simple compositional tuning of ternary blends[J]. Nano Energy, 2019, 63(1): 103807.

[36]WADSWORTH A, HAMID Z, KOSCO J, et al. The bulk heterojunction in organic photovoltaic, photodetector, and photocatalytic applications[J]. Advanced Materials, 2020, 32(38): 2001763.

[37]WANG J, HAN J, CHEN X, et al. Design strategies for two-dimensional material photodetectors to enhance device performance[J]. Infomat, 2019, 1(1): 33-53.

[38] XU X, LI Y, PENG Q. Ternary blend organic solar cells: understanding the morphology from recent progress[J]. Advanced Materials, 2022, 1(1): 2107476.

[39] CHEN X, LIU X, WU B, et al. Improving the performance of graphene phototransistors using a heterostructure as the light-absorbing layer[J]. Nano Letters, 2017, 17(10): 6391-6396.

[40]LIANG N, MENG D, MA Z, et al. Triperylene hexaimides based all-small-molecule solar cells with an efficiency over 6% and open circuit voltage of 1.04 V[J]. Advanced Energy Materials, 2017, 7(6): 1601664.

[41]ZHAN L, LI S, LAU T-K, et al. Over 17% efficiency ternary organic solar cells enabled by two non-fullerene acceptors working in an alloy-like model[J]. Energy & Environmental Science, 2020, 13(2): 635-645.

[42]YAO J, QIU B, ZHANG Z-G, et al. Cathode engineering with perylene-diimide interlayer enabling over 17% efficiency single-junction organic solar cells[J]. Nature Communications, 2020, 11(1): 2726.

[43]LIU X, GU J, DING K, et al. Photoresponse of an organic semiconductor/two-dimensional transition metal dichalcogenide heterojunction[J]. Nano Letters, 2017, 17(5): 3176-3181.

[44]HUANG Y, ZHUGE F, HOU J, et al. Van der Waals coupled organic molecules with monolayer MoS_2 for fast response photodetectors with gate-tunable responsivity[J]. ACS Nano, 2018, 12(4): 4062-4073.

[45]LIU X, LUO X, NAN H, et al. Epitaxial ultrathin organic crystals on graphene for high-efficiency phototransistors [J]. Advanced Materials, 2016, 28 (26): 5200-5205.

[46] KIM J S, CHOI Y J, WOO H J, et al. Schottky-barrier-controllable graphene electrode to boost rectification in organic vertical P-N junction photodiodes[J]. Advanced Functional Materials, 2017, 27(48): 1704475.

[47]NGUYEN N N, LEE H C, BAEK K, et al. Atomically smooth graphene-based hybrid template for the epitaxial growth of organic semiconductor crystals[J]. Advanced Functional Materials, 2021, 31(11): 2008813.

[48] IQBAL M A, LIAQAT A, HUSSAIN S, et al. Ultralow-transition-energy organic complex on graphene for high-performance shortwave infrared photodetection[J]. Advanced Materials, 2020, 32(37): 2002628.

[49]YAO Y, OU Q, WANG K, et al. Supramolecular engineering of charge transfer in wide bandgap organic semiconductors with enhanced visible-to-NIR photoresponse[J]. Nature Communications, 2021, 12(1): 3667.

[50]YANG B, WANG Y, LI L, et al. High performance ternary organic phototransistors with photoresponse up to 2600 nm at room temperature[J]. Advanced Functional Materials, 2021, 31(40): 2103787.

[51] WANG X, SHEN H, CHEN Y, et al. Multimechanism synergistic photodetectors with ultrabroad spectrum response from 375 nm to 10 um[J]. Advanced Science, 2019, 6(15): 1901050.

[52] FENG F, WANG T, QIAO J, et al. Plasmonic and graphene-functionalized high-performance broadband quasi-two-dimensional perovskite hybrid photodetectors[J]. ACS Applied Materials & Interfaces, 2021, 13(51): 61496-61505.

[53] WANG X, WANG P, WANG J, et al. Ultrasensitive and broadband MoS_2 photodetector driven by ferroelectrics[J]. Advanced Materials, 2015, 27(42): 6575-6581.

[54]LONG M, WANG P, FANG H, et al. Progress, challenges, and opportunities for 2D material based photodetectors [J]. Advanced Functional Materials, 2019, 29

(19): 1803807.

[55] CHEN X, LU X, DENG B, et al. Widely tunable black phosphorus mid-infrared photodetector[J]. Nature Communications, 2017, 8(1): 1672.

[56] YUAN H, LIU X, AFSHINMANESH F, et al. Polarization-sensitive broadband photodetector using a black phosphorus vertical p-n junction[J]. Nature Nanotechnology, 2015, 10(8): 707-713.

[57] AMANI M, REGAN E, BULLOCK J, et al. Mid-wave infrared photoconductors based on black phosphorus-arsenic alloys[J]. ACS Nano, 2017, 11(11): 11724-11731.

[58] LONG M, GAO A, WANG P, et al. Room temperature high-detectivity mid-infrared photodetectors based on black arsenic phosphorus[J]. Science Advances, 3 (6): e1700589.

[59] YOUNGBLOOD N, CHEN C, KOESTER S J, et al. Waveguide-integrated black phosphorus photodetector with high responsivity and low dark current[J]. Nature Photonics, 2015, 9(4): 247-252.

[60] YAN W, SHRESHA V R, JEANGROS Q, et al. Spectrally selective mid-wave infrared detection using Fabry-Pérot cavity enhanced black phosphorus 2D photodiodes[J]. ACS Nano, 2020, 14(10): 13645-13651.

[61] VENUTHURUMILLI P K, YE P D, XU X. Plasmonic resonance enhanced polarization-sensitive photodetection by black phosphorus in near tnfrared[J]. ACS Nano, 2018, 12(5): 4861-4867.

[62] AZAR N S, BULLOCK J, BALENDHRAN S, et al. Light-matter interaction enhancement in anisotropic 2D black phosphorus via polarization-tailoring nano-optics[J]. ACS Photonics, 2021, 8(4): 1120-1128.

[63] NG T-W, LO M-F, FUNG M-K, et al. Charge-transfer complexes and their role in exciplex emission and near-infrared photovoltaics[J]. Advanced Materials, 2014, 26 (31): 5569-5574.

[64] YU X, DONG Z, YANG J K W, et al. Room-temperature mid-infrared photodetector in all-carbon graphene nanoribbon-C_{60} hybrid nanostructure[J]. Optica, 2016, 3

(9): 979-984.

[65] ZHANG M, YEOW J T W. A flexible, scalable, and self-powered mid-infrared detector based on transparent PEDOT: PSS/graphene composite[J]. Carbon, 2020, 156(1): 339-345.

[66] BABICS M, BRISTOW H, ZHANG W, et al. Non-fullerene-based organic photodetectors for infrared communication[J]. Journal of Materials Chemistry C, 2021, 9(7): 2375-2380.

[67] NATH D, DEY P, JOSEPH A M, et al. CuPc/C_{60} heterojunction for high responsivity zero bias organic red light photodetector[J]. Applied Physics A, 2020, 126(8): 627.

[68] ZAFAR Q, FATIMA N, KARIMOV K S, et al. Realizing broad-bandwidth visible wavelength photodiode based on solution-processed ZnPc/PC71BM dyad[J]. Optical Materials, 2017, 64(1): 131-136.

[69] CHOI M-S, LEE S, KIM H J, et al. Inverted near-infrared organic photodetector with oriented lead (II) phthalocyanine molecules via substrate heating[J]. Organic Electronics, 2018, 61(1): 164-169.

[70] MATTHEW MENKE S, PANDEY R, HOLMES R J. Tandem organic photodetectors with tunable, broadband response[J]. Applied Physics Letters, 2012, 101(22): 223301.

[71] ZIMMERMAN J D, DIEV V V, HANSON K, et al. Porphyrin-tape/C_{60} organic photodetectors with 6.5% external quantum efficiency in the near infrared[J]. Advanced Materials, 2010, 22(25): 2780-2783.

[72] LI L, HUANG Y, PENG J, et al. Highly responsive organic near-infrared photodetectors based on a porphyrin small molecule[J]. Journal of Materials Chemistry C, 2014, 2(8): 1372-1375.

[73] ZIMMERMAN J D, YU E K, DIEV V V, et al. Use of additives in porphyrin-tape/C_{60} near-infrared photodetectors[J]. Organic Electronics, 2011, 12(5): 869-873.

[74] LI Q, GUO Y, LIU Y. Exploration of near-infrared organic photodetectors[J]. Chemistry of Materials, 2019, 31(17): 6359-6379.

[75] GONG X, TONG M, XIA Y, et al. High-detectivity polymer photodetectors with spectral response from 300 nm to 1450 nm[J]. Science, 2009, 325(5948): 1665-1667.

[76] YAO Y, LIANG Y, SHROTRIYA V, et al. Plastic near-infrared photodetectors utilizing low band gap polymer[J]. Advanced Materials, 2007, 19(22): 3979-3983.

[77] HAN J, QI J, ZHENG X, et al. Low-bandgap donor-acceptor polymers for photodetectors with photoresponsivity from 300 nm to 1600 nm[J]. Journal of Materials Chemistry C, 2017, 5(1): 159-165.

[78] ZHENG L, ZHU T, XU W, et al. Solution-processed broadband polymer photodetectors with a spectral response of up to 2.5 μm by a low bandgap donor-acceptor conjugated copolymer[J]. Journal of Materials Chemistry C, 2018, 6(14): 3634-3641.

[79] GOETZ K P, VERMEULEN D, PAYNE M E, et al. Charge-transfer complexes: new perspectives on an old class of compounds[J]. Journal of Materials Chemistry C, 2014, 2(17): 3065-3076.

[80] CHENG S, GAO W, CAO Z, et al. Selective center charge density enables conductive 2D metal-organic frameworks with exceptionally high pseudocapacitance and energy density for energy storage devices[J]. Advanced Materials, 2022, 34(14): 2109870.

[81] XIONG Y, LIAO Q, HUANG Z, et al. Ultrahigh responsivity photodetectors of 2D covalent organic frameworks integrated on graphene[J]. Advanced Materials, 2020, 32(9): 1907242.

[82] WANG F, WU J, ZHANG Y, et al. High-sensitivity shortwave infrared photodetectors of metal-organic frameworks integrated on 2D layered materials[J]. Science China Materials, 2022, 65(2): 451-459.

[83] BALENDHRAN S, HUSSAIN Z, SHRESTHA V R, et al. Copper Tetracyanoquinodimethane (CuTCNQ): a metal-organic semiconductor for room-temperature visible to long-wave infrared photodetection[J]. ACS Applied Materials

& Interfaces, 2021, 13(32): 38544-38552.

[84] SHI J, JI Q, LIU Z, et al. Recent advances in controlling syntheses and energy related applications of MX_2 and MX_2/graphene heterostructures [J]. Advanced Energy Materials, 2016, 6(17): 1600459.

[85] YU X, YU P, WU D, et al. Atomically thin noble metal dichalcogenide: a broadband mid-infrared semiconductor [J]. Nature Communications, 2018, 9(1): 1545.

[86] ZHANG K, ZHANG T, CHENG G, et al. Interlayer transition and infrared photodetection in atomically thin type-Ⅱ $MoTe_2$/MoS_2 van der Waals heterostructures[J]. ACS Nano, 2016, 10(3): 3852-3858.

[87] LAI J, LIU X, MA J, et al. Anisotropic broadband photoresponse of layered type-Ⅱ Weyl semimetal $MoTe_2$[J]. Advanced Materials, 2018, 30(22): 1707152.

[88] ZHANG X, YANG Y, LI Z, et al. Weyl semiconductor Te/Sb_2Se_3 heterostructure for broadband photodetection and its binary photoresponse by C_{60} as charge-regulation medium[J]. Advanced Optical Materials, 2021, 9(21): 2101256.

[89] LIU F, CHOW W L, HE X, et al. Van der Waals p-n junction based on an organic-inorganic heterostructure[J]. Advanced Functional Materials, 2015, 25(36): 5865-5871.

[90] HE D, PAN Y, NAN H, et al. A van der Waals pn heterojunction with organic/inorganic semiconductors[J]. Applied Physics Letters, 2015, 107(18): 183103.

[91] JARIWALA D, HOWELL S L, CHEN K-S, et al. Hybrid, gate-tunable, van der Waals p-n heterojunctions from pentacene and MoS_2[J]. Nano Letters, 2016, 16(1): 497-503.

[92] PEI K, WANG F, HAN W, et al. Suppression of persistent photoconductivity of rubrene crystals using gate-tunable Rubrene – Bi_2Se_3 diodes with photoinduced negative differential resistance[J]. Small, 2020, 16(32): 2002312.

[93] LIU J, ZHOU K, LIU J, et al. Organic-single-crystal vertical field-effect transistors and phototransistors[J]. Advanced Materials, 2018, 30(44): 1803655.

[94] CHOI Y J, WOO H J, KIM S, et al. Schottky junction photodiode based on

graphene-organic semiconductor heterostructure [J]. Journal of Industrial and Engineering Chemistry, 2020, 89(25): 233-238.

[95] WANG X, CHENG Z, XU K, et al. High-responsivity graphene/silicon-heterostructure waveguide photodetectors[J]. Nature Photonics, 2013, 7(11): 888-891.

[96] NALWA H S. A review of molybdenum disulfide (MoS_2) based photodetectors: from ultra-broadband, self-powered to flexible devices[J]. Rsc Advances, 2020, 10(51): 30529-30602.

[97] KONSTANTATOS G, BADIOLI M, GAUDREAU L, et al. Hybrid graphene-quantum dot phototransistors with ultrahigh gain[J]. Nature Nanotechnology, 2012, 7(6): 363-368.

[98] LEE Y, YU S H, JEON J, et al. Hybrid structures of organic dye and graphene for ultrahigh gain photodetectors[J]. Carbon, 2015, 88(1): 165-172.

[99] YU S H, LEE Y, JANG S K, et al. Dye-sensitized MoS_2 photodetector with enhanced spectral photoresponse[J]. ACS Nano, 2014, 8(8): 8285-8291.

[100] YAKAR O, BALCI O, UZLU B, et al. Hybrid J-aggregate-graphene phototransistor[J]. ACS Applied Nano Materials, 2020, 3(1): 409-417.

[101] HUISMAN E H, SHULGA A G, ZOMER P J, et al. High gain hybrid graphene-organic semiconductor phototransistors[J]. ACS Applied Materials & Interfaces, 2015, 7(21): 11083-11088.

[102] CHANG P-H, TSAI Y-C, SHEN S-W, et al. Highly sensitive graphene-semiconducting polymer hybrid photodetectors with millisecond response time[J]. ACS Photonics, 2017, 4(9): 2335-2344.

[103] SUN M, YANG P, XIE D, et al. Self-powered MoS_2-PDPP3T heterotransistor-based broadband photodetectors[J]. Advanced Electronic Materials, 2019, 5(2): 1800580.

[104] YU M, CHEN Y, CHEN Y-G, et al. Synergy between fermi level of graphene and morphology of polymer film allows broadband or wavelength-sensitive photodetection[J]. Advanced Materials Interfaces, 2021, 8(19): 2100770.

[105] WANG Q-M, YANG Z-Y. Graphene photodetector with polydiacetylenes acting as both transfer-supporting and light-absorbing layers: flexible, broadband, ultrahigh photoresponsivity and detectivity[J]. Carbon, 2018, 138(1): 90-97.

[106] XU Z H, TANG L, ZHANG S W, et al. 2D MoS_2 – CuPc heterojunction based highly sensitive photodetectors through ultrafast charge transfer[J]. Materials Today Physics, 2020, 15(1): 100273.

[107] SHAO M-Y, YU M, SUZUKI M, et al. Facilitated interfacial electronic processes by the π-π stacked edge-on tetrabenzoporphyrin/graphene layer enables broadband ultrasensitive photodetecting with prompt response[J]. ACS Applied Electronic Materials, 2020, 2(10): 3459-3467.

[108] SUN B, ZHOU G, WANG Y, et al. Ultra-narrowband photodetector with high responsivity enabled by integrating monolayer J-aggregate organic crystal with graphene[J]. Advanced optical materials, 2021, 9(17): 2100158.

[109] QIN S, CHEN X, DU Q, et al. Sensitive and robust ultraviolet photodetector array based on self-assembled graphene/C_{60} hybrid films[J]. ACS Applied Materials & Interfaces, 2018, 10(44): 38326-38333.

[110] CHUGH S, ADHIKARI N, LEE J H, et al. Dramatic enhancement of optoelectronic properties of electrophoretically deposited C_{60}-graphene hybrids[J]. ACS Applied Materials & Interfaces, 2019, 11(27): 24349-24359.

[111] ZHAO B, GAN Z, JOHNSON M, et al. 2D van der Waals heterojunction of organic and inorganic monolayers for high responsivity phototransistors[J]. Advanced Functional Materials, 2021, 31(42): 2105444.

[112] VELUSAMY D B, HAQUE M A, PARIDA M R, et al. 2D organic-inorganic hybrid thin films for flexible UV-visible photodetectors[J]. Advanced Functional Materials, 2017, 27(15): 1605554.

[113] CHEN S-Y, LU Y-Y, SHIH F-Y, et al. Biologically inspired graphene-chlorophyll phototransistors with high gain[J]. Carbon, 2013, 63(1): 23-29.

[114] LEE Y, KWON J, HWANG E, et al. High-performance perovskite-graphene hybrid photodetector[J]. Advanced Materials, 2015, 27(1): 41-46.

[115] BERA K P, HAIDER G, USMAN M, et al. Trapped photons induced ultrahigh external quantum efficiency and photoresponsivity in hybrid graphene/metal-organic framework broadband wearable photodetectors[J]. Advanced Functional Materials, 2018, 28(51): 1804802.

[116] KIM K, LEE T H, SANTOS E J G, et al. Structural and electrical investigation of C_{60}-graphene vertical heterostructures[J]. ACS Nano, 2015, 9(6): 5922-5928.

[117] Jnawali G, Rao Y, Beck J H, et al. Observation of ground- and excited-state charge transfer at the C_{60}/graphene interface[J]. ACS Nano, 2015, 9(7): 7175-7185.

[118] JONES G F, PINTO R M, DE SANCTIS A, et al. Highly efficient rubrene - graphene charge-transfer interfaces as phototransistors in the visible regime[J]. Advanced Materials, 2017, 29(41): 1702993.

[119] ZHANG Y, QIAO J, GAO S, et al. Probing carrier transport and structure-property relationship of highly ordered organic semiconductors at the two-dimensional limit [J]. Physical Review Letters, 2016, 116(1): 016602.

[120] WANG Q H, HERSAM M C. Room-temperature molecular-resolution characterization of self-assembled organic monolayers on epitaxial graphene[J]. Nature Chemistry, 2009, 1(3): 206-211.

[121] SANTOS E J G, SCULLION D, CHU X S, et al. Rotational superstructure in van der Waals heterostructure of self-assembled C_{60} monolayer on the WSe_2 surface[J]. Nanoscale, 2017, 9(35): 13245-13256.

[122] PARK N-G. Methodologies for high efficiency perovskite solar cells[J]. Nano Convergence, 2016, 3(1): 15.

[123] LIU X-H, GUAN C-Z, WANG D, et al. Graphene-like single-layered covalent organic frameworks: synthesis strategies and application prospects[J]. Advanced Materials, 2014, 26(40): 6912-6920.

[124] LIANG R-R, XU S-Q, ZHANG L, et al. Rational design of crystalline two-dimensional frameworks with highly complicated topological structures[J]. Nature Communications, 2019, 10(1): 4609.

[125] HAIDER G, USMAN M, CHEN T-P, et al. Electrically driven white light emission

from intrinsic metal-organic framework[J]. ACS Nano, 2016, 10(9): 8366-8375.

[126] CAI S-L, ZHANG Y-B, PUN A B, et al. Tunable electrical conductivity in oriented thin films of tetrathiafulvalene-based covalent organic framework[J]. Chemical Science, 2014, 5(12): 4693-4700.

[127] CAO L, GUO B, YU Y, et al. Two-dimensional covalent organic framework-graphene photodetectors: insight into the relationship between the microscopic interfacial structure and performance[J]. ACS Omega, 2019, 4(20): 18780-18786.

[128] LIM D U, JO S B, CHO J H. Cold-trap-mediated broad dynamic photodetection in graphene-organic hybrid photonic barristors[J]. Journal of the American Chemical Society, 2021, 143(2): 879-890.

[129] CHOI Y J, JO S B, CHO J H. Monolithic tandem multicolor image sensor based on electrochromic color-radix demultiplexing[J]. Advanced Materials, 2021, 33(35): 2102725.

[130] YUN T K, LEE Y, KIM M J, et al. Commensurate assembly of C_{60} on black phosphorus for mixed-dimensional van der Waals transistors[J]. Small, 2022, 18(10): 2105916.

[131] NIKITSKIY I, GOOSSENS S, KUFER D, et al. Integrating an electrically active colloidal quantum dot photodiode with a graphene phototransistor[J]. Nature Communications, 2016, 7(1): 11954.

[132] CHOW P C Y, MATSUHISA N, ZALAR P, et al. Dual-gate organic phototransistor with high-gain and linear photoresponse[J]. Nature Communications, 2018, 9(1): 4546.

[133] QIN L, WU L, KATTEL B, et al. Using bulk heterojunctions and selective electron trapping to enhance the responsivity of perovskite-graphene photodetectors[J]. Advanced Functional Materials, 2017, 27(47): 1704173.

[134] PENG Z-Y, XU J-L, ZHANG J-Y, et al. Solution-processed high-performance hybrid photodetectors enhanced by perovskite/MoS_2 bulk heterojunction[J]. Advanced Materials Interfaces, 2018, 5(18): 1800505.

[135] HAN J, WANG J, YANG M, et al. Graphene – organic semiconductor heterojunction phototransistors with broadband and bi-directional photoresponse[J]. Advanced Materials, 2018, 30(49): 1804020.

[136] GAO L, GE C, LI W, et al. Flexible filter-free narrowband photodetector with high gain and customized responsive spectrum[J]. Advanced Functional Materials, 2017, 27(33): 1702360.

[137] LIU X, CHEN X, YI J, et al. Organic charge-transfer interface enhanced graphene hybrid phototransistors[J]. Organic Electronics, 2019, 64(1): 22-26.

[138] HE M, HAN J, HAN X, et al. Organic thin film thickness-dependent photocurrents polarity in graphene heterojunction phototransistor[J]. Carbon, 2021, 178(30): 506-514.

[139] XIE C, Yan F. Perovskite/poly(3-hexylthiophene)/graphene multiheterojunction phototransistors with ultrahigh gain in broadband wavelength region[J]. ACS Applied Materials & Interfaces, 2017, 9(2): 1569-1576.

[140] ZHOU G, SUN R, XIAO Y, et al. A high-performance flexible broadband photodetector based on graphene-PTAA-perovskite heterojunctions[J]. Advanced Electronic Materials, 2021, 7(3): 2000522.

[141] LEE Y, CHA S, KIM C. Bandwidth enhancement of graphene-organic hybrid photoconductors by accelerating electron transfer processes at graphene interface[J]. Advanced Materials Interfaces, 2021, 8(15): 2100478.

[142] HE Z, HAN J, DU X, et al. Photomemory and pulse monitoring featured solution-processed near-infrared graphene/organic phototransistor with detectivity of 2.4×10^{13} Jones[J]. Advanced Functional Materials, 2021, 31(37): 2103988.

[143] LIU X, LIN Y, LIAO Y, et al. Recent advances in organic near-infrared photodiodes[J]. Journal of Materials Chemistry C, 2018, 6(14): 3499-3513.

[144] MÉNDEZ H, HEIMEL G, OPITZ A, et al. Doping of organic semiconductors: impact of dopant strength and electronic coupling[J]. Angewandte Chemie International Edition, 2013, 52(30): 7751-7755.

[145] MÉNDEZ H, HEIMEL G, WINKLER S, et al. Charge-transfer crystallites as molecular electrical dopants[J]. Nature Communications, 2015, 6(1): 8560.

[146] UNTILOVA V, BISKUP T, BINIEK L, et al. Control of chain alignment and crystallization helps enhance charge conductivities and thermoelectric power factors in sequentially doped P3HT : F4TCNQ films[J]. Macromolecules, 2020, 53(7): 2441-2453.

[147] JACOBS I E, AASEN E W, OLIVEIRA J L, et al. Comparison of solution-mixed and sequentially processed P3HT : F4TCNQ films: effect of doping-induced aggregation on film morphology[J]. Journal of Materials Chemistry C, 2016, 4(16): 3454-3466.

[148] FONTANA M T, STANFIELD D A, SCHOLES D T, et al. Evaporation vs solution sequential doping of conjugated polymers: F4TCNQ doping of micrometer-thick P3HT films for thermoelectrics[J]. The Journal of Physical Chemistry C, 2019, 123(37): 22711-22724.

[149] CUI M, GUO Y, ZHU Y, et al. Graphene-organic two-dimensional charge-transfer complexes: intermolecular electronic transitions and broadband near-infrared photoresponse[J]. The Journal of Physical Chemistry C, 2018, 122(13): 7551-7556.

[150] IQBAL M A, CUI M, LIAQAT A, et al. Organic charge transfer complexes on graphene with ultrahigh near infrared photogain[J]. Nanotechnology, 2019, 30(25): 254003.

[151] LEE C, KIM H, KIM Y. Short-wave infrared organic phototransistors with strong infrared-absorbing polytriarylamine by electron-transfer doping[J]. Npj Flexible Electronics, 2021, 5(1): 10.

[152] LEE C, KIM H, KIM Y. Short-Wave Infrared-sensing organic phototransistors with a triarylamine-based polymer doped with a lewis acid-type small molecule[J]. ACS Applied Materials & Interfaces, 2021, 13(16): 19064-19071.

[153] SCHURIG D, MOCK J J, JUSTICE B J, et al. Metamaterial electromagnetic cloak at microwave frequencies[J]. Science, 2006, 314(5801): 977-980.

[154]ZHANG K, CHEN T-Y, SHI W-B, et al. Polarization-dependent strong coupling between surface plasmon polaritons and excitons in an organic-dye-doped nanostructure[J]. Optics Letters, 2017, 42(14): 2834-2837.

[155] MEMMI H, BENSON O, SADOFEV S, et al. Strong coupling between surface plasmon polaritons and molecular vibrations[J]. Physical Review Letters, 2017, 118(12): 126802.

[156]MAK K F, SHAN J. Photonics and optoelectronics of 2D semiconductor transition metal dichalcogenides[J]. Nature Photonics, 2016, 10(4): 216-226.

[157] LIU Y, CHENG R, LIAO L, et al. Plasmon resonance enhanced multicolour photodetection by graphene[J]. Nature Communications, 2011, 2(1): 579.

[158]GUO Q, YU R, LI C, et al. Efficient electrical detection of mid-infrared graphene plasmons at room temperature[J]. Nature Materials, 2018, 17(11): 986-992.

[159]WEI J, LI Y, WANG L, et al. Zero-bias mid-infrared graphene photodetectors with bulk photoresponse and calibration-free polarization detection [J]. Nature Communications, 2020, 11(1): 6404.

[160]PETOUKHOFF C E, KRISHNA M B M, VOIRY D, et al. Ultrafast charge transfer and enhanced absorption in MoS_2-organic van der Waals heterojunctions using plasmonic metasurfaces[J]. ACS Nano, 2016, 10(11): 9899-9908.

[161]SUN Z, AIGOUY L, CHEN Z. Plasmonic-enhanced perovskite - graphene hybrid photodetectors[J]. Nanoscale, 2016, 8(14): 7377-7383.

[162]LEE Y H, PARK S, WON Y, et al. Flexible high-performance graphene hybrid photodetectors functionalized with gold nanostars and perovskites[J]. Npg Asia Materials, 2020, 12(1): 79.

[163] YAN H, FENG Z, SHANG S, et al. A piezoelectric, strain-controlled antiferromagnetic memory insensitive to magnetic fields [J]. Nature Nanotechnology, 2019, 14(2): 131-136.

[164]WANG X, ZHU C, DENG Y, et al. Van der Waals engineering of ferroelectric heterostructures for long-retention memory[J]. Nature Communications, 2021, 12 (1): 1109.

[165] WU J, CHEN H-Y, YANG N, et al. High tunnelling electroresistance in a ferroelectric van der Waals heterojunction via giant barrier height modulation[J]. Nature Electronics, 2020, 3(8): 466-472.

[166] TAN W-C, SHIH W-H, CHEN Y F. A highly sensitive graphene-organic hybrid photodetector with a piezoelectric substrate[J]. Advanced Functional Materials, 2014, 24(43): 6818-6825.

[167] LV L, ZHUGE F, XIE F, et al. Reconfigurable two-dimensional optoelectronic devices enabled by local ferroelectric polarization[J]. Nature Communications, 2019, 10(1): 3331.

[168] NAIR R R, BLAKE P, GRIGORENKO A N, et al. Fine structure constant defines visual transparency of graphene[J]. Science, 2008, 320(5881): 1308-1308.

[169] LIU Z, LIU Q, HUANG Y, et al. Organic photovoltaic devices based on a novel acceptor material: graphene[J]. Advanced Materials, 2008, 20(20): 3924-3930.

[170] GUO C X, YANG H B, SHENG Z M, et al. Layered Graphene – quantum dots for photovoltaic devices[J]. Angewandte Chemie International Edition, 2010, 49(17): 3014-3017.

[171] YIN Z, ZHU J, HE Q, et al. Graphene-based materials for solar cell applications[J]. Advanced Energy Materials, 2014, 4(1): 1300574.

[172] XIA F, WANG H, XIAO D, et al. Two-dimensional material nanophotonics[J]. Nature Photonics, 2014, 8(12): 899-907.

[173] BONACCORSO F, SUN Z, HASAN T, et al. Graphene photonics and optoelectronics[J]. Nature Photonics, 2010, 4(9): 611-622.

[174] PAN R, LI H, WANG J, et al. High-responsivity photodetectors based on formamidinium lead halide perovskite quantum dot-graphene hybrid[J]. Particle & Particle Systems Characterization, 2018, 35(4): 1700304.

[175] LIU J, YIN Y, YU L, et al. Silicon-graphene conductive photodetector with ultra-high responsivity[J]. Scientific Reports, 2017, 7(1): 40904.

[176] SHAHEEN S E, BRABEC C J, SARICIFTCI N S, et al. 2.5% efficient organic plastic solar cells[J]. Applied Physics Letters, 2001, 78(6): 841-843.

[177] WALDAUF C, SCHILINSKY P, HAUCH J, et al. Material and device concepts for organic photovoltaics: towards competitive efficiencies[J]. Thin Solid Films, 2004, 451(22): 503-507.

[178] MEHEW J D, UNAL S, TORRES ALONSO E, et al. Fast and highly sensitive ionic-polymer-gated WS_2-graphene photodetectors[J]. Advanced Materials, 2017, 29(23): 1700222.

[179] WANG J, FANG H, WANG X, et al. Recent progress on localized field enhanced two-dimensional material photodetectors from ultraviolet-visible to infrared[J]. Small, 2017, 13(35): 1700894.

[180] FORREST S R. The path to ubiquitous and low-cost organic electronic appliances on plastic[J]. Nature, 2004, 428(6986): 911-918.

[181] YI Y, CHOI W M, SON B, et al. Interfacial electronic structures between fullerene and multilayer graphene for n-type organic semiconducting devices[J]. Carbon, 2011, 49(14): 4936-4939.

[182] KANG S J, YI Y, KIM C Y, et al. Energy level diagrams of C_{60}/pentacene/Au and pentacene/C_{60}/Au[J]. Synthetic Metals, 2006, 156(1): 32-37.

[183] HAMED A, SUN Y Y, TAO Y K, et al. Effects of oxygen and illumination on the in situ conductivity of C_{60} thin films[J]. Physical Review B, 1993, 47(16): 10873-10880.

[184] MAGGINI M, SCORRANO G, PRATO M. Addition of azomethine ylides to C_{60}: synthesis, characterization, and functionalization of fullerene pyrrolidines[J]. Journal of the American Chemical Society, 1993, 115(21): 9798-9799.

[185] YU D, PARK K, DURSTOCK M, et al. Fullerene-grafted graphene for efficient bulk heterojunction polymer photovoltaic devices[J]. The Journal of Physical Chemistry Letters, 2011, 2(10): 1113-1118.

[186] SULLIVAN P, HEUTZ S, SCHULTES S M, et al. Influence of codeposition on the performance of CuPc-C_{60} heterojunction photovoltaic devices[J]. Applied Physics Letters, 2004, 84(7): 1210-1212.

[187] HEUTZ S, SULLIVAN P, SANDERSON B M, et al. Influence of molecular

architecture and intermixing on the photovoltaic, morphological and spectroscopic properties of CuPc-C_{60} heterojunctions[J]. Solar Energy Materials and Solar Cells, 2004, 83(2): 229-245.

[188] UCHIDA S, XUE J, RAND B P, et al. Organic small molecule solar cells with a homogeneously mixed copper phthalocyanine: C_{60} active layer[J]. Applied Physics Letters, 2004, 84(21): 4218-4220.

[189] PARK S, KIM S J, NAM J H, et al. Significant enhancement of infrared photodetector sensitivity using a semiconducting single-walled carbon nanotube/C_{60} phototransistor[J]. Advanced Materials, 2015, 27(4): 759-765.

[190] LIU Y, WANG F, WANG X, et al. Planar carbon nanotube-graphene hybrid films for high-performance broadband photodetectors[J]. Nature Communications, 2015, 6(1): 8589.

[191] LIU C-H, CHANG Y-C, Norris T B, et al. Graphene photodetectors with ultra-broadband and high responsivity at room temperature[J]. Nature Nanotechnology, 2014, 9(4): 273-278.

[192] LI Q, VAN DE GROEP J, WANG Y, et al. Transparent multispectral photodetectors mimicking the human visual system[J]. Nature Communications, 2019, 10(1): 4982.

[193] LIEN M-B, LIU C-H, CHUN I Y, et al. Ranging and light field imaging with transparent photodetectors[J]. Nature Photonics, 2020, 14(3): 143-148.

[194] GUO J, LI J, LIU C, et al. High-performance silicon-graphene hybrid plasmonic waveguide photodetectors beyond 1.55{mu}m[J]. Light: Science & Applications, 2020, 9(1): 29.

[195] CHEN J-H, ZHENG B-C, SHAO G-H, et al. An all-optical modulator based on a stereo graphene-microfiber structure[J]. Light: Science & Applications, 2015, 4(12): e360-e360.

[196] WANG Y, LIU E, GAO A, et al. Negative photoconductance in van der Waals heterostructure-based floating gate phototransistor[J]. ACS Nano, 2018, 12(9): 9513-9520.

[197] QIN S, JIANG H, DU Q, et al. Planar graphene-C_{60}-graphene heterostructures for sensitive UV-visible photodetection[J]. Carbon, 2019, 146(1): 486-490.

[198] FANG H, HU W, WANG P, et al. Visible light-assisted high-performance mid-infrared photodetectors based on single InAs nanowire[J]. Nano Letters, 2016, 16(10): 6416-6424.

[199] GAO X D, FEI G T, ZHANG Y, et al. All-optical-input transistors: light-controlled enhancement of plasmon-induced photocurrent[J]. Advanced Functional Materials, 2018, 28(40): 1802288.

[200] BAEG K-J, BINDA M, NATALI D, et al. Organic light detectors: photodiodes and phototransistors[J]. Advanced Materials, 2013, 25(31): 4267-4295.

[201] YAO P, WU H, GAO B, et al. Fully hardware-implemented memristor convolutional neural network[J]. Nature, 2020, 577(7792): 641-646.

[202] ZIDAN M A, STRACHAN J P, LU W D. The future of electronics based on memristive systems[J]. Nature Electronics, 2018, 1(1): 22-29.

[203] LIU C, CHEN H, WANG S, et al. Two-dimensional materials for next-generation computing technologies[J]. Nature Nanotechnology, 2020, 15(7): 545-557.

[204] YIN L, CHENG R, WANG Z, et al. Two-dimensional unipolar memristors with logic and memory functions[J]. Nano Letters, 2020, 20(6): 4144-4152.

[205] WANG X, WANG J. Ferroelectric tunnel junctions with high tunnelling electroresistance[J]. Nature Electronics, 2020, 3(8): 440-441.

[206] STAR A, LU Y, BRADLEY K, et al. Nanotube optoelectronic memory devices[J]. Nano Letters, 2004, 4(9): 1587-1591.

[207] YIN L, HE P, CHENG R, et al. Robust trap effect in transition metal dichalcogenides for advanced multifunctional devices[J]. Nature Communications, 2019, 10(1): 4133.

[208] WANG Q, WEN Y, CAI K, et al. Nonvolatile infrared memory in MoS_2 – PbS van der Waals heterostructures[J]. Science Advances, 4(4): eaap7916.

[209] MUKHERJEE B, ZULKEFLI A, WATANABE K, et al. Laser-assisted multilevel

non-volatile memory device based on 2D van-der-Waals few-layer-ReS_2/h-BN/graphene heterostructures [J]. Advanced Functional Materials, 2020, 30(42): 2001688.

[210] LEE S, PENG R, WU C, et al. Programmable black phosphorus image sensor for broadband optoelectronic edge computing[J]. Nature Communications, 2022, 13(1): 1485.

[211] LI S, ZHANG Z, CHEN X, et al. A high-performance in-memory photodetector realized by charge storage in a van der Waals MISFET[J]. Advanced Materials, 2022, 34(10): 2107734.

[212] ZHANG Z, WANG S, LIU C, et al. All-in-one two-dimensional retinomorphic hardware device for motion detection and recognition[J]. Nature Nanotechnology, 2022, 17(1): 27-32.

[213] Pi L, WANG P, LIANG S-J, et al. Broadband convolutional processing using band-alignment-tunable heterostructures[J]. Nature Electronics, 2022, 5(4): 248-254.

[214] YIN J, TAN Z, HONG H, et al. Ultrafast and highly sensitive infrared photodetectors based on two-dimensional oxyselenide crystals [J]. Nature Communications, 2018, 9(1): 3311.

[215] YANG H, TAN C, DENG C, et al. Bolometric effect in Bi_2O_2Se photodetectors[J]. Small, 2019, 15(43): 1904482.

[216] HONG C, TAO Y, NIE A, et al. Inclined ultrathin Bi_2O_2Se films: a building block for functional van der Waals heterostructures[J]. ACS Nano, 2020, 14(12): 16803-16812.

[217] YANG C-M, CHEN T-C, VERMA D, et al. Bidirectional all-optical synapses based on a 2D Bi_2O_2Se/graphene hybrid structure for multifunctional optoelectronics[J]. Advanced Functional Materials, 2020, 30(30): 2001598.

[218] LUO P, ZHUGE F, WANG F, et al. PbSe quantum dots sensitized high-mobility Bi_2O_2Se nanosheets for high-performance and broadband photodetection beyond 2 μm[J]. ACS Nano, 2019, 13(8): 9028-9037.

[219] GUO Y, SONG Y, YANG M, et al. Unveiling interface interaction assisted

broadband photoresponse of epitaxial 2D Bi_2O_2Se on perovskite oxides[J]. Journal of Materials Chemistry C, 2020, 8(38): 13226-13234.

[220]RAUCH T, BÖBERL M, TEDDE S F, et al. Near-infrared imaging with quantum-dot-sensitized organic photodiodes[J]. Nature Photonics, 2009, 3(6): 332-336.

[221]TIAN R, MA H, ZHU S, et al. Multiplexed NIR-II probes for lymph node-invaded cancer detection and imaging-guided surgery[J]. Advanced Materials, 2020, 32(11): 1907365.

[222]HAN J, ZHANG C, PENG S, et al. Type-III organic/two-dimensional multi-layered phototransistors with promoted operation speed at the communication band[J]. Journal of Materials Chemistry C, 2021, 9(39): 13963-13971.

[223]CHOI W, HONG S, JEONG Y, et al. Dynamic oscillation via negative differential resistance in Type III junction organic/two-dimensional and oxide/two-dimensional transition metal dichalcogenide diodes[J]. Advanced Functional Materials, 2021, 31(9): 2009436.

[224]PINGEL P, NEHER D. Comprehensive picture of p-type doping of P3HT with the molecular acceptor F4TCNQ[J]. Physical Review B, 2013, 87(11): 115209.

[225]YU D, YANG Y, DURSTOCK M, et al. Soluble P3HT-grafted graphene for efficient bilayer-heterojunction photovoltaic devices[J]. ACS Nano, 2010, 4(10): 5633-5640.

[226]Buchs G, Bagiante S, Steele G A. Identifying signatures of photothermal current in a double-gated semiconducting nanotube[J]. Nature Communications, 2014, 5(1): 4987.

[227]XU K, ZENG C, ZHANG Q, et al. Direct measurement of Dirac point energy at the graphene/oxide interface[J]. Nano Letters, 2013, 13(1): 131-136.